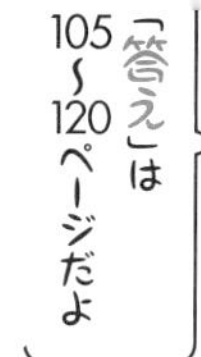

回数メーター

5 10 15 20 25 30 35 40 45 50

MEMO

5年生の復習 (1)

月 日（ 時 分～ 時 分）

なまえ

点 / 100点

1 次の問いに答えましょう。 ▶5問×10点【計50点】

(1) 1mの重さが1.4kgの針金(はりがね)があります。この針金2.2mの重さは何kgですか。

答 kg

(2) 1Lのガソリンで12.1km走る自動車があります。ガソリン8.6Lでは何km走りますか。

答 km

(3) 27.3kgの小麦粉を使って，ホットケーキを作ります。1個のホットケーキに1.9kg使うとすると，何個できて，何kgあまりますか。

答 個，あまり kg

(4) 61.8 ÷ 0.9 = □ あまり 0.6

答

(5) □ ÷ 2.2 = 4 あまり 0.4

答

2 次の問いに答えましょう。

▶ 3問×10点【計30点】

(1) 1から20までの整数のうち，3の倍数は何個ありますか。

答 　　　　　個

(2) 9の約数をすべて求めましょう。

答

(3) 18と24の最大公約数と最小公倍数はいくつですか。

答 最大公約数：　　　　最小公倍数：

3 次の問いに答えましょう。

▶ 2問×10点【計20点】

(1) 42個のあめと63個のチョコレートを同じ個数ずつできるだけ多くの子どもに配ろうと思います。何人の子どもに配れますか。

答 　　　　　人

(2) 1から100までの整数のうち，3でも4でもわり切れる数は何個ありますか。

答 　　　　　個

答え☞105ページ

まとめ

小数のかけ算，わり算と倍数と約数の復習問題だよ。公倍数，公約数などの意味を正しく理解しておこう！

5年生の復習 (2)

月　日(　時　分～　時　分)

なまえ

点 / 100点

1 次の問いに答えましょう。

▶5問×10点【計50点】

(1) 重さ$2\frac{6}{7}$kgのりんごを$\frac{5}{14}$kgの箱に入れました。重さは全部で何kgありますか。

答　　kg

(2) $5\frac{1}{6}$mのロープと$1\frac{5}{8}$mのロープがあります。合わせて何mありますか。

答　　m

(3) 重さ$\frac{5}{8}$kgのバケツに水を入れたところ，$4\frac{7}{12}$kgになりました。水の重さは全部で何kgですか。

答　　kg

(4) A，B2人の体重の平均が37.2kgで，Cの体重が39.6kgのとき，3人の体重の平均は何kgですか。

答　　kg

(5) A，B，C3人の身長の平均が136.3cmで，Dの身長が138.3cmのとき，4人の身長の平均は何cmですか。

答　　cm

2 次の問いに答えましょう。

▶3問×10点【計30点】

(1) 400円の25%は何円ですか。

答 　　　　円

(2) 定価が1600円の品物を1200円で売っています。売値(うりね)は定価の何%ですか。

答 　　　　%

(3) 定価が3600円の品物を4割(わり)引きで売っています。売値は何円ですか。

答 　　　　円

3 次の問いに答えましょう。

▶2問×10点【計20点】

さきさんがある橋を分速90mでわたったところ，3分20秒かかりました。

(1) 橋の長さは何mですか。

答 　　　　m

(2) りく君がこの橋を自転車でわたったところ，30秒かかりました。自転車の速さは分速何mですか。

答 分速 　　　　m

答え☞105ページ

分数，平均，割合(わりあい)と速さの復習問題だよ。
どれも大切な分野だから，基本をしっかり身に付けておこう！

5年生の復習(3)

月　日（　時　分～　時　分）

なまえ

点 / 100点

1 次の問いに答えましょう。

▶4問×10点【計40点】

(1)　右の図の角アの大きさは何度ですか。

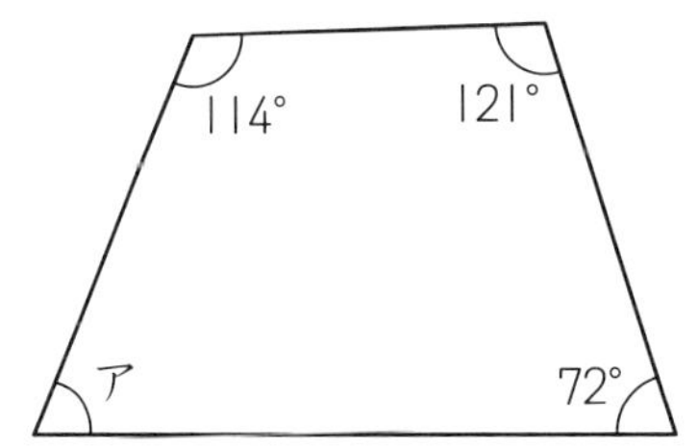

答　　度

(2)　右の図の角アの大きさは何度ですか。

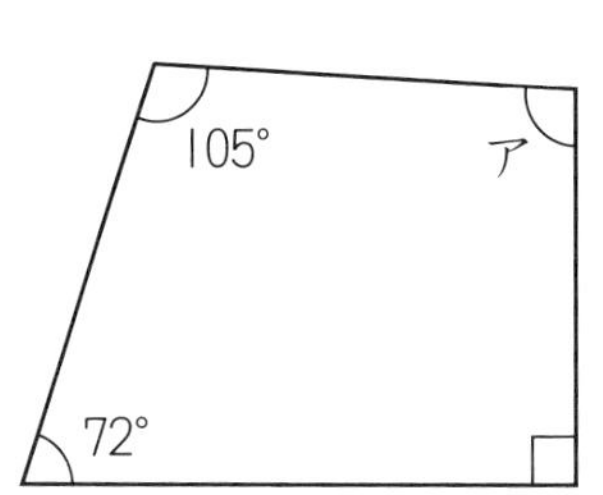

答　　度

(3)　右の図は正五角形です。角アの大きさは何度ですか。

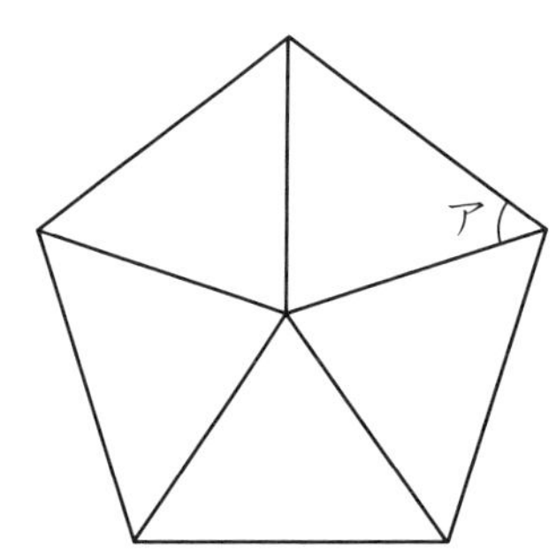

答　　度

(4)　九角形の内角の和は何度ですか。

答　　度

2 次の問いに答えましょう。

▶ 3 問×10 点【計 30 点】

(1) 直径 15cm の円の円周は何 cm ですか。

答 ＿＿＿＿＿＿ cm

(2) 直径 8cm の半円の弧の長さは何 cm ですか。

答 ＿＿＿＿＿＿ cm

(3) 円周の長さが 37.68cm の円の直径は何 cm ですか。

答 ＿＿＿＿＿＿ cm

3 次の問いに答えましょう。

▶ 2 問×15 点【計 30 点】

(1) 右の図のまわりの長さは何 cm ですか。

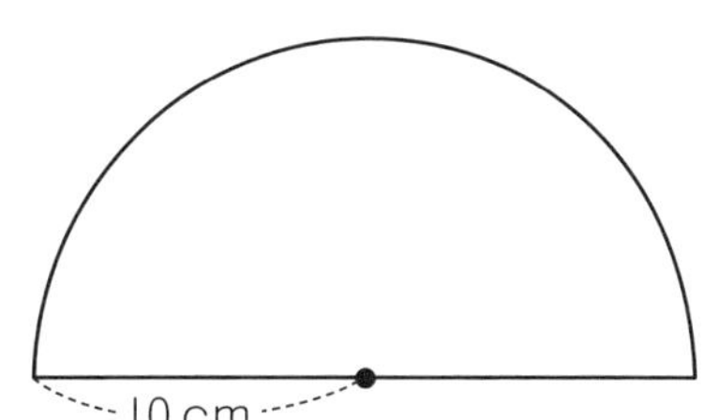

答 ＿＿＿＿＿＿ cm

(2) 右の図のまわりの長さは何 cm ですか。

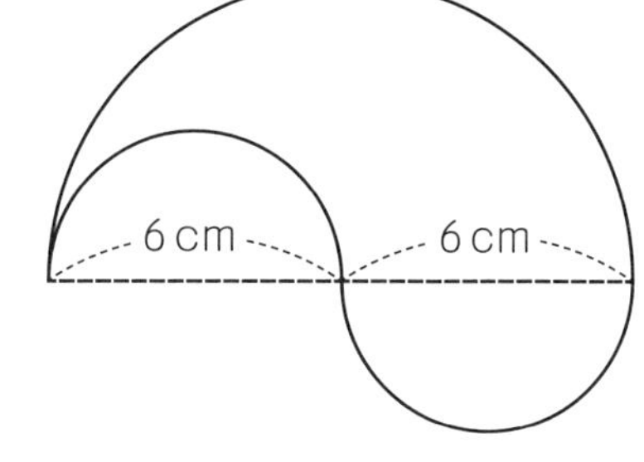

答 ＿＿＿＿＿＿ cm

答え☞ 105ページ

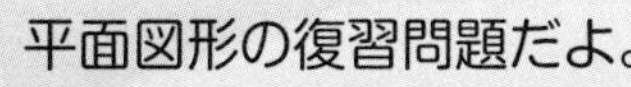

平面図形の復習問題だよ。
n 角形の内角の和＝ 180 × (n − 2)，円周の長さ＝直径×円周率だね！

5年生の復習 (4)

月　日（　時　分～　時　分）

なまえ

点 / 100点

1 次の問いに答えましょう。 ▶6問×10点【計60点】

(1) 底辺が7cmで，高さが6cmの平行四辺形の面積は何cm^2ですか。

答　　　　cm^2

(2) 上底が6cm，下底が9cmで，高さが4cmの台形の面積は何cm^2ですか。

答　　　　cm^2

(3) 上底が5cm，下底が7cmで，高さが6cmの台形の面積は何cm^2ですか。

答　　　　cm^2

(4) 底辺が12cmで，高さが8cmの三角形の面積は何cm^2ですか。

答　　　　cm^2

(5) 上底が2cm，高さが5cmで，面積が21cm^2の台形があります。この台形の下底は何cmですか。

答　　　　cm

(6) 高さが6cmで，面積が24cm^2の三角形があります。この三角形の底辺は何cmですか。

答　　　　cm

2 次の問いに答えましょう。

▶ 3問×8点【計24点】

(1)　1辺が11cmの立方体の体積は何cm^3ですか。

答　　　　　　cm^3

(2)　縦(たて)が4cm，横が12cm，高さが15cmの直方体の体積は何cm^3ですか。

答　　　　　　cm^3

(3)　右の図の立体の体積は何cm^3ですか。

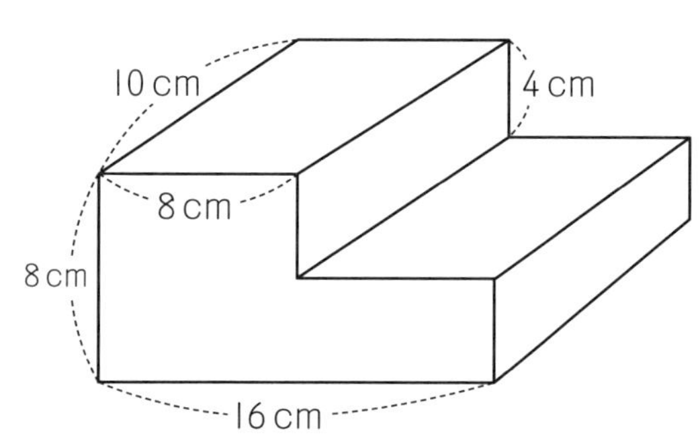

答　　　　　　cm^3

3 次の問いに答えましょう。

▶ 2問×8点【計16点】

右の図は三角柱です。

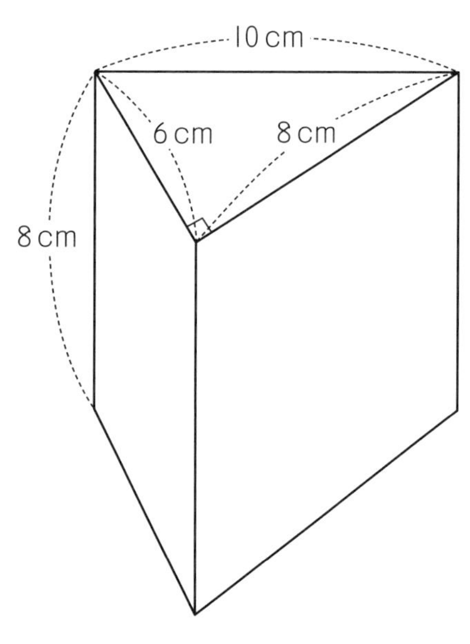

(1)　体積は何cm^3ですか。

答　　　　　　cm^3

(2)　表面積は何cm^2ですか。

答　　　　　　cm^2

答え☞106ページ

平面図形と立体図形の復習問題だよ。
角柱の体積の求め方は，「底面積×高さ」だよ。覚えておこう！

かくにんテスト（第1～4回）

月　日（　時　分～　時　分）

なまえ

点 / 100点

1 次の問いに答えましょう。 ▶5問×10点【計50点】

(1) 1mの重さが0.6kgの針金（はりがね）があります。この針金2.4mの重さは何kgですか。

答　　　kg

(2) 31.5kgの小麦粉を使って，ホットケーキを作ります。1個のホットケーキに1.2kg使うとすると，何個できて，何kgあまりますか。

答　　　個，あまり　　　kg

(3) 36と48の最大公約数と最小公倍数はいくつですか。

答 最大公約数：　　　最小公倍数：

(4) 重さ$\frac{3}{8}$kgのバケツに水を入れたところ，$3\frac{5}{12}$kgになりました。水の重さは全部で何kgですか。

答　　　kg

(5) A，B2人の体重の平均が34.2kgで，Cの体重が36.6kgのとき，3人の体重の平均は何kgですか。

答　　　kg

2 次の問いに答えましょう。

▶3問×10点【計30点】

(1) 八角形の内角の和は何度ですか。

答 ＿＿＿＿＿＿ 度

(2) 直径16cmの円の円周は何cmですか。

答 ＿＿＿＿＿＿ cm

(3) 定価が1800円の品物を2割(わり)引きで売っています。売値(うりね)は何円ですか。

答 ＿＿＿＿＿＿ 円

3 次の問いに答えましょう。

▶2問×10点【計20点】

(1) 高さが6cmで，面積が24cm^2の三角形があります。この三角形の底辺は何cmですか。

答 ＿＿＿＿＿＿ cm

(2) 縦(たて)が5cm，横が9cm，高さが14cmの直方体の体積は何cm^3ですか。

答 ＿＿＿＿＿＿ cm^3

答え☞106ページ

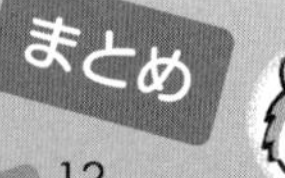

5年生のかくにんテストだよ！
たくさん公式がでてきたね。公式はまとめて覚えておこう！

分数 (1)

月 日（ 時 分～ 時 分）

なまえ

点 / 100点

1 次の問いに答えましょう。

▶4問×10点【計40点】

(1) 1mの重さが $\frac{3}{5}$ kgの針金（はりがね）があります。この針金 $\frac{2}{3}$ mの重さは何kgですか。

答 kg

(2) 1mの値段（ねだん）が200円のテープがあります。このテープ $\frac{4}{5}$ mの値段は何円ですか。

答 円

(3) 1Lで $\frac{4}{5}$ m^2 ぬることができるペンキがあります。$\frac{5}{6}$ Lでは何 m^2 ぬることができますか。

答 m^2

(4) 時速 $4\frac{1}{2}$ kmで歩く人がいます。この人が $1\frac{1}{2}$ 時間では何km歩きますか。

答 km

2 次の問いに答えましょう。

▶ 2問×15点【計30点】

(1) 1辺が $\frac{3}{8}$ cm の正方形の面積は何 cm^2 ですか。

答 cm^2

(2) 1辺が $\frac{2}{3}$ cm の立方体の体積は何 cm^3 ですか。

答 cm^3

3 次の計算をしましょう。

▶ 2問×15点【計30点】

(1) $\left(\frac{1}{3}+\frac{3}{4}\right)\times 1\frac{1}{5}$

答

(2) $\frac{2}{3}\times\frac{2}{13}+\frac{2}{5}\times\frac{1}{13}-\frac{1}{3}\times\frac{1}{5}$

答

答え☞106ページ

まとめ

分数のかけ算の問題だよ。
まずは，計算を早く，正確にできるようにしよう！

分数 (2)

月　日（　時　分～　時　分）

なまえ

点 / 100点

1 次の問いに答えましょう。

▶ 4問×10点【計40点】

(1) $3\frac{1}{3}$ mのリボンから $\frac{5}{9}$ mのリボンを切り取ると，$\frac{5}{9}$ mのリボンは何本取れますか。

答　　本

(2) $\frac{1}{4}$ mの重さが $1\frac{3}{8}$ kg の棒（ぼう）があります。この棒1mの重さは何kgですか。

答　　kg

(3) $1\frac{2}{3}$ mの値段（ねだん）が500円のロープがあります。このロープ1mの値段は何円ですか。

答　　円

(4) $\frac{4}{5}$ m^2 を0.4Lでぬることができるペンキがあります。1Lでは何 m^2 ぬることができますか。

答　　m^2

2 次の問いに答えましょう。

▶ 2問×15点【計30点】

(1) $1\frac{1}{5}$ L の値段が420円のジュースがあります。このジュースの2L あたりの値段は何円ですか。

答　　　　円

(2) $4\frac{3}{8}$ mの重さが210gの針金(はりがね)があります。この針金3mの重さは何gですか。

答　　　　g

▶▶ 一歩先を行く問題

3 次の計算をしましょう。

▶ 2問×15点【計30点】

(1) $\frac{7}{18} \div 3\frac{8}{9} - \frac{1}{30}$

答

(2) $\left(\frac{1}{2} - \frac{1}{3} + \frac{1}{4}\right) \div \frac{1}{24}$

答

第7回　分数(2)

答え☞106ページ

まとめ　分数のわり算の問題だね。かけ算と同じく，計算を早く，正確にできるようにしよう。

分数 (3)

月 日(時 分～ 時 分)

なまえ

点 / 100点

1 次の問いに答えましょう。

▶ 4問×10点【計40点】

(1) 底辺が $2\frac{3}{4}$ cm，高さが 4.4 cm の三角形の面積は何 cm^2 ですか。

答 cm^2

(2) 縦(たて)が 12 cm，横が $3\frac{2}{5}$ cm，高さが 2.5 cm の直方体の体積は何 cm^3 ですか。

答 cm^3

(3) 25.6 m のリボンから $2\frac{1}{3}$ m のリボンを 8 本切り取ると，残りは何 m ですか。

答 m

(4) 1.6 m で 400 円のテープがあります。このテープ 1 m の値段(ねだん)は何円ですか。

答 円

2 次の問いに答えましょう。　▶2問×15点【計30点】

(1) 4.8L のジュースから $1\frac{1}{4}$ L を飲みました。残りを4人で等しく飲むと，1人分は何Lになりますか。

答　　　　　L

(2) 底辺が3.6cm で面積が $8\frac{3}{5}$ cm^2 の三角形の高さは何 cm ですか。

答　　　　　cm

▶▶一歩先を行く問題

3 次の計算をしましょう。　▶2問×15点【計30点】

(1) $(1.6 - 1\frac{1}{4}) \div \frac{7}{20}$

答

(2) $(3 - \frac{2}{7} \times 1.4) \div (1\frac{1}{4} - 0.6)$

答

答え☞107ページ

分数のかけ算，わり算の問題だよ。
小数がある問題では，小数を分数に直してから計算することが大切だよ！

分数 (4)

月 日（ 時 分～ 時 分）

なまえ

点 / 100点

1 次の問い に答えましょう。

▶ 6問×10点【計60点】

(1) $\frac{3}{4}$ 時間は何分ですか。

答 ＿＿＿＿ 分

(2) $1\frac{2}{3}$ 時間は何分ですか。

答 ＿＿＿＿ 分

(3) 30分は何時間ですか。

答 ＿＿＿＿ 時間

(4) 84分は何時間ですか。

答 ＿＿＿＿ 時間

(5) 40秒は何分ですか。

答 ＿＿＿＿ 分

(6) 100秒は何分ですか。

答 ＿＿＿＿ 分

2 次の問いに答えましょう。

▶ 2問×10点【計20点】

(1) 1時間20分で16個のケーキを作る機械があります。1時間では何個作れますか。

答　　　　　個

(2) 1時間30分で15個のケーキを作る機械があります。4時間では何個作れますか。

答　　　　　個

▶▶ 一歩先を行く問題

3 次の問いに答えましょう。

▶ 2問×10点【計20点】

(1) 分母が12で，$\frac{1}{3}$より大きく$\frac{1}{2}$より小さい分数を求めましょう。

答

(2) 分母が15で，$\frac{2}{5}$より大きく$\frac{5}{6}$より小さい，これ以上約分できない分数をすべて求めましょう。

答

答え☞107ページ

分数のかけ算，わり算の問題だよ。
時間の問題では，1時間は60分，1分は60秒であることを使うよ！

かくにんテスト（第6～9回）

月　日（　時　分～　時　分）

なまえ

点 / 100点

1 次の問いに答えましょう。 ▶ 4問×10点【計40点】

(1) 1mの値段(ねだん)が120円のテープがあります。このテープ $\frac{3}{5}$ mの値段は何円ですか。

答　　　円

(2) 1Lで $\frac{2}{3}$ m^2 ぬることができるペンキがあります。$\frac{3}{5}$ Lでは何 m^2 ぬることができますか。

答　　　m^2

(3) $\frac{3}{4}$ mの重さが $1\frac{1}{8}$ kgの棒(ぼう)があります。この棒1mの重さは何kgですか。

答　　　kg

(4) $1\frac{1}{3}$ mの値段が360円のロープがあります。このロープ1mの値段は何円ですか。

答　　　円

2 次の問いに答えましょう。

▶ 2問×15点【計30点】

(1) 28.6 mのリボンから$2\frac{1}{5}$ mのリボンを8本切り取ると，残りは何mですか。

答 　　　　m

(2) 1.5 mで480円のテープがあります。このテープ1 mの値段は何円ですか。

答 　　　　円

3 次の問いに答えましょう。

▶ 3問×10点【計30点】

(1) 45分は何時間ですか。

答 　　　　時間

(2) 1時間30分で18個のケーキを作る機械があります。1時間では何個作れますか。

答 　　　　個

(3) 1時間20分で12個のケーキを作る機械があります。5時間では何個作れますか。

答 　　　　個

答え☞107ページ

分数のかくにんテストだね。
今回で小学校で習う計算が終わったよ。これでなんでも出てくるね！

比 (1)

月 日（ 時 分～ 時 分）
なまえ
点 / 100点

1 次の比を簡単にしましょう。

▶10問×5点【計50点】

(1) 30：20

答

(2) 10：15

答

(3) 6：8

答

(4) 12：15

答

(5) 32：16

答

(6) 24：36

答

(7) 0.2：0.3

答

(8) 1.2：0.8

答

(9) $\frac{2}{3}$ ： $\frac{2}{5}$

答

(10) $\frac{5}{6}$ ：1.2

答

2 □にあてはまる数を求めましょう。

▶ 4問×8点【計32点】

(1) $12:8=3:\square$

答 ＿＿＿＿

(2) $18:24=\square:4$

答 ＿＿＿＿

(3) $6:4=18:\square$

答 ＿＿＿＿

(4) $15:5=\square:10$

答 ＿＿＿＿

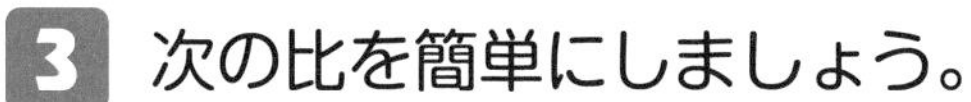

3 次の比を簡単にしましょう。

▶ 3問×6点【計18点】

(1) $\frac{1}{3}:2$

答 ＿＿＿＿

(2) $\frac{8}{9}:\frac{2}{3}$

答 ＿＿＿＿

(3) $1.5:1\frac{2}{3}$

答 ＿＿＿＿

答え☞107ページ

比の問題だよ。色々な分野で出てくるから，今のうちに基本をマスターしておこう！

比 (2)

月　日（　時　分～　時　分）

なまえ

点 / 100点

1 次の比を簡単にしましょう。

▶ 6問×6点【計36点】

(1) 30：20：15

答

(2) 10：8：6

答

(3) 12：8：4

答

(4) 18：15：21

答

(5) 28：21：14

答

(6) 24：18：12

答

2 次の比の値を求めましょう。

▶ 4問×6点【計24点】

(1) 20：15

答

(2) 8：10

答

(3) 12：15

答

(4) 12：24

答

3 次の比を簡単にしましょう。　▶ 4 問×6 点【計 24 点】

(1) 1m：80cm

答 ＿＿＿＿＿

(2) 1.2kg：800g

答 ＿＿＿＿＿

(3) 2a：120m^2

答 ＿＿＿＿＿

(4) 3km：150m

答 ＿＿＿＿＿

▶▶一歩先を行く問題

4 A：B：C を求めましょう。　▶ 2 問×8 点【計 16 点】

(1) A：B＝2：3

B：C＝1：2

答 ＿＿＿＿＿

(2) A：B＝7：6

B：C＝4：3

答 ＿＿＿＿＿

答え☞ 108 ページ

まとめ

比の問題だ。**1** のような 3 つ以上の比を連比というんだ。
これから使うことがあるから，しっかり練習しておこう！

比 (3)

月　日（　時　分～　時　分）

なまえ

点　100点

1 次の問いに答えましょう。

▶5問×10点【計50点】

(1) あるクラスの人数は，男子が18人，女子が16人です。男子と女子の人数の比を簡単（かんたん）な整数の比で表しましょう。

答 ＿＿＿＿＿＿

(2) あるクラスの人数は，男子が18人，女子が16人です。男子とクラス全体の人数の比を簡単な整数の比で表しましょう。

答 ＿＿＿＿＿＿

(3) 兄が1500円，弟が1200円持っています。兄と弟の持っている金額の比を簡単な整数の比で表しましょう。

答 ＿＿＿＿＿＿

(4) 姉が35個，妹が28個のおはじきを持っています。姉と妹の持っているおはじきの比を簡単な整数の比で表しましょう。

答 ＿＿＿＿＿＿

(5) 兄が128個，弟が96個のビー玉を持っています。兄と弟の持っているビー玉の比を簡単な整数の比で表しましょう。

答 ＿＿＿＿＿＿

2 次の問いに答えましょう。　▶2問×10点【計20点】

(1)　あるクラスの男子と女子の人数の比は4：3です。男子が20人とすると，女子は何人ですか。

答　　　　　　　人

(2)　あるクラスの男子と女子の人数の比は5：6です。女子が18人とすると，クラス全体の人数は何人ですか。

答　　　　　　　人

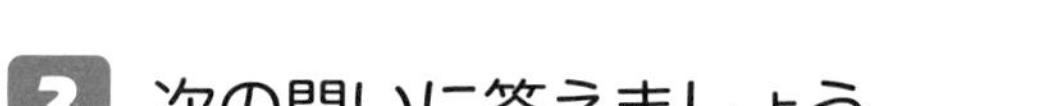

▶2問×15点【計30点】

兄が1200円，弟が800円持っています。

(1)　兄が弟に何円あげると持っている金額の比が1：1になりますか。

答　　　　　　　円

(2)　兄が弟に何円あげると持っている金額の比が1：3になりますか。

答　　　　　　　円

答え☞108ページ

比の問題だね。
今回は文章題だけど，図などに条件を整理して解いてみてもいいよ！

比(4)

月 日(時 分〜 時 分)

なまえ

点 / 100点

1 次の問いに答えましょう。

▶5問×10点【計50点】

(1) 1500円を，兄と弟で3：2の割合で分けます。兄は何円になりますか。

答 ＿＿＿＿ 円

(2) 2400円を，姉と妹で5：3の割合で分けます。妹は何円になりますか。

答 ＿＿＿＿ 円

(3) おはじきが100個あります。このおはじきを姉と妹で7：3の割合で分けます。姉は何個になりますか。

答 ＿＿＿＿ 個

(4) ビー玉が120個あります。このおはじきをA，B，Cの3人で3：2：1の割合で分けます。Bは何個になりますか。

答 ＿＿＿＿ 個

(5) 3600円を，A，B，Cの3人で5：4：3の割合で分けます。Aは何円になりますか。

答 ＿＿＿＿ 円

2 次の問いに答えましょう。

▶2問×10点【計20点】

4800円を，A，B，Cの3人で分けます。AとBは5：4，BとCは2：3になるようにします。

(1) A：B：Cの金額の比を簡単(かんたん)な整数で表しましょう。

答 ________________

(2) Aは何円もらえますか。

答 ________________ 円

▶▶一歩先を行く問題

3 次の問いに答えましょう。

▶2問×15点【計30点】

兄と弟の持っている金額の比は9：7です。2人で500円ずつ出し合ってプレゼントを買ったところ，2人の持っている金額の比は5：3になりました。

(1) 兄がはじめに持っていた金額は何円ですか。

答 ________________ 円

(2) 弟の残った金額は何円ですか。

答 ________________ 円

答え☞108ページ

比の問題だよ。
比は文章題や図形問題にも多く使われるからしっかり練習しておこうね。

かくにんテスト (第11～14回)

月　日(　時　分～　時　分)

なまえ

点 / 100点

1 次の比を簡単(かんたん)にしましょう。

▶6問×6点【計36点】

(1) 30：35

答 ＿＿＿＿

(2) 12：8

答 ＿＿＿＿

(3) 16：18

答 ＿＿＿＿

(4) 15：3

答 ＿＿＿＿

(5) 20：24：12

答 ＿＿＿＿

(6) 18：36：27

答 ＿＿＿＿

2 □にあてはまる数を求めましょう。

▶4問×5点【計20点】

(1) 15：6＝5：□

(2) 18：20＝□：10

(3) 3：4＝18：□

(4) 12：5＝□：15

3 次の問いに答えましょう。

▶ 2問×10点【計20点】

(1) 兄は96個，弟は72個のビー玉を持っています。兄と弟の持っているビー玉の比を簡単な整数の比で表しましょう。

答 ＿＿＿＿＿＿

(2) あるクラスの男子と女子の人数の比は5：6です。男子が20人とすると，女子は何人ですか。

答 ＿＿＿＿＿＿人

4 次の問いに答えましょう。

▶ 3問×8点【計24点】

(1) おはじきが144個あります。このおはじきを姉と妹で7：5の割合（わりあい）で分けます。姉は何個になりますか。

答 ＿＿＿＿＿＿個

(2) ビー玉が180個あります。このビー玉をA，B，Cの3人で5：4：3の割合で分けます。Bは何個になりますか。

答 ＿＿＿＿＿＿個

(3) 7140円を，A，B，Cの3人で分けます。AとBは7：4，BとCは2：5になるようにします。Aは何円もらえますか。

答 ＿＿＿＿＿＿円

答え☞109ページ

比の問題だよ。比はいろんな問題に使われるんだ。
中学や高校でも役立つから，しっかり使いこなせるようになろう！

割合(1)

月　日(　時　分～　時　分)

なまえ

点 / 100点

1 次の問いに答えましょう。

▶5問×10点【計50点】

(1) けいこさんのクラスは男子12人，女子18人です。女子の人数はクラス全体の何倍ですか。

答　　　倍

(2) 150ページある本を，90ページまで読みました。残っているページ数は全体の何分のいくつですか。

答

(3) 持っていた2000円の$\frac{1}{5}$でお弁当を買いました。お弁当は何円ですか。

答　　　円

(4) みかさんは1800円持って買い物に行き，持っているお金の$\frac{3}{5}$を使って本を買いました。本の代金は何円ですか。

答　　　円

(5) しんじ君の年令は12才で，お父さんの年令はしんじ君の年令の$3\frac{1}{3}$倍です。お父さんの年令は何才ですか。

答　　　才

2 次の問いに答えましょう。

▶ 2問×10点【計20点】

(1) 父の体重は72kgで，太郎君の体重は父の$\frac{3}{8}$です。太郎君の体重は何kgですか。

答　　　　　kg

(2) パンを作るのに，630gある小麦粉の$\frac{2}{7}$を使いました。残った小麦粉は何gですか。

答　　　　　g

▶▶一歩先を行く問題 

3 次の問いに答えましょう。

▶ 2問×15点【計30点】

(1) 持っているお金の$\frac{1}{3}$を使いましたが，まだ300円残っています。はじめ，何円持っていましたか。

答　　　　　円

(2) リボン全体の$\frac{3}{5}$を使いましたが，まだ42cm残っています。はじめ，リボンは何cmありましたか。

答　　　　　cm

答え☞109ページ

割合の問題だね。今回は割合の3用法を分数を使って解く問題だよ。
とても重要な分野だからしっかり復習しておこう！

割合 (2)

月　日（　時　分～　時　分）

なまえ

点 / 100点

1 次の問いに答えましょう。　▶5問×10点【計50点】

(1)　リボン全体の $\frac{1}{4}$ にあたる30cmを使いました。はじめのリボンの長さは何cmですか。

答　　cm

(2)　けいこさんの年令は母の年令の $\frac{2}{7}$ で，12才です。母の年令は何才ですか。

答　　才

(3)　容器に入っていた油の $\frac{2}{5}$ を使ったところ6dLが残りました。はじめに容器に入っていた油は何dLですか。

答　　dL

(4)　太郎(たろう)君の体重は32kgです。太郎君の体重はお父さんの体重の $\frac{4}{7}$ にあたります。お父さんの体重は何kgですか。

答　　kg

(5)　今日，630円の本を買いました。これは，持っていたおこづかいの $\frac{7}{15}$ にあたります。はじめ，おこづかいを何円持っていましたか。

答　　円

2 次の問いに答えましょう。

▶ 2問×10点【計20点】

(1) ペットボトルの中にジュースが72mL残っています。これはペットボトルにはじめに入っていた量の $\frac{6}{13}$ にあたります。はじめ，ペットボトルには何mLのジュースが入っていましたか。

答 ＿＿＿＿＿＿ mL

(2) 深さ120cmのプールの底に，まっすぐ棒(ぼう)を立てたところ，棒の長さの $\frac{1}{7}$ が水面より上に出ました。棒の長さは何cmですか。

答 ＿＿＿＿＿＿ cm

▶▶ 一歩先を行く問題

3 次の問いに答えましょう。

▶ 2問×15点【計30点】

けんいち君は，持っているお金の $\frac{3}{8}$ でボールペンを6本買ったところ，1500円残りました。

(1) けんいち君がはじめに持っていたお金は何円ですか。

答 ＿＿＿＿＿＿ 円

(2) けんいち君が買ったボールペン1本の値段(ねだん)は何円ですか。

答 ＿＿＿＿＿＿ 円

答え☞109ページ

割合(わりあい)の問題だよ。割合の3用法の1つで相当算という分野だよ。
これもとても重要な分野だから復習しておこうね。

比例と反比例 (1)

1 次の問いに答えましょう。

▶2問×10点【計20点】

右の表は，直方体の容器に水を入れたときの，水を入れた時間と水の深さを表したものです。

時間	1	2	3	4	5
深さ	3	6		12	15

(1) 3分後の深さは何cmですか。

答 cm

(2) 水の深さが30cmになるのは，何分後ですか。

答 分後

2 次の問いに答えましょう。

▶3問×10点【計30点】

右の表は，時速5kmで歩いたときの，歩いた時間と道のりの関係を表したものです。

時間	1	2	ア	5	7	ウ
道のり	5	10	15	イ	35	45

(1) 表のア，イ，ウにあてはまる数は何ですか。

答 ア イ ウ

(2) 2.5時間のとき，道のりは何kmですか。

答 km

(3) 道のりが18kmのとき，何時間ですか。

答 時間

3 次の問いに答えましょう。

▶ 3 問×10 点【計 30 点】

右の表は，高さが 6cm の三角形の，底辺 x と面積 y の関係を表したものです。

底辺 x	1	2	3	…
面積 y	3	6	9	…

(1) 底辺が 4.6cm のとき，面積は何 cm^2 ですか。

答 cm^2

(2) 面積が $36cm^2$ のとき，底辺は何 cm ですか。

答 cm

(3) y を x の式で表しましょう。

答

▶▶ 一歩先を行く問題

4 次の表の y を x の式で表しましょう。

▶ 2 問×10 点【計 20 点】

(1)

x	1	2	3	4	…
y	4	8	12	16	…

答

(2)

x	2	3	5	8	…
y	4	6	10	16	…

答

答え☞ 109ページ

比例の問題だよ。比例は $y = a \times x$ で表せるもので，グラフで見ると直線になっていることがわかるよ！

比例と反比例 (2)

月　日（　時　分～　時　分）
なまえ
点 / 100点

1 次の問いに答えましょう。

▶3問×10点【計30点】

次の表は，面積が30cm² の三角形の，底辺 x と高さ y の関係を表したものです。

底辺 x	1	2	3	イ	…
高さ y	60	30	ア	10	…

(1) 表のア，イにあてはまる数は何ですか。

答 ア　　イ

(2) 底辺が18cm のとき，高さは何 cm ですか。

答　　cm

(3) 高さが24cm のとき，底辺は何 cm ですか。

答　　cm

2 次の問いに答えましょう。

▶2問×10点【計20点】

次の表は，体積が200cm³ で高さが5cm の直方体の，底面の縦（たて）x と横 y の関係を表したものです。

縦 x	1	イ	8	…
横 y	ア	10	ウ	…

(1) 表のア，イ，ウにあてはまる数は何ですか。

答 ア　　イ　　ウ

(2) y を x の式で表しましょう。

答

3 次の問いに答えましょう。

▶5問×6点【計30点】

次のx，yが比例しているものは○，反比例しているものは×，どちらでもないものは△を書きましょう。

(1) 三角形の底辺が10cmの高さxと面積y　　答

(2) 長方形の面積が30cm^{2}の縦xと横y　　答

(3) 10mのテープの使った長さxと残りの長さy　　答

(4) 150円のボールペンを買うときの本数xと代金y　　答

(5) ある人の年令xと体重y　　答

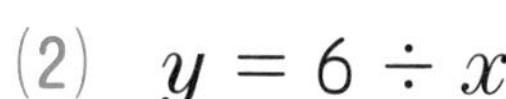

4 次のグラフをかきましょう。

▶2問×10点【計20点】

(1) $y = 2 \times x$

(2) $y = 6 \div x$

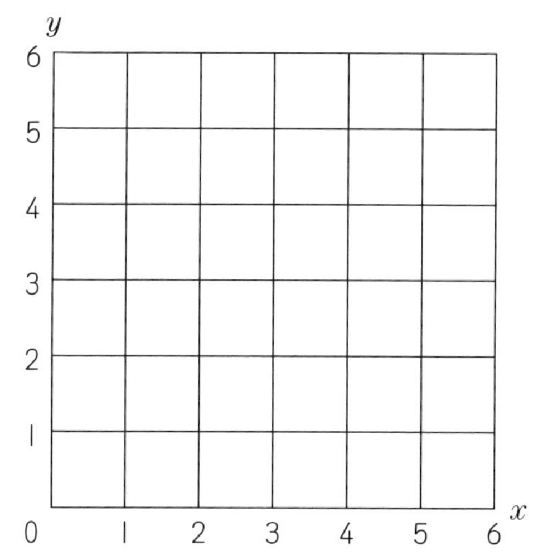

答え☞110ページ

反比例の問題だよ。反比例は$y = a \div x$（$x \times y = a$）で表せるもので，グラフで見ると曲線になっていることがわかるね！

かくにんテスト (第16～19回)

月　日（　時　分～　時　分）
なまえ
点 / 100点

1 次の問いに答えましょう。

▶5問×10点【計50点】

(1) 120ページある本を，80ページまで読みました。残っているページ数は全体の何分のいくつですか。

答

(2) 持っていた2400円の $\frac{1}{4}$ でお弁当を買いました。お弁当は何円ですか。

答　円

(3) リボン全体の $\frac{3}{4}$ にあたる60cmを使いました。はじめのリボンの長さは何cmですか。

答　cm

(4) けいこさんの年令は母の年令の $\frac{2}{9}$ で，10才です。母の年令は何才ですか。

答　才

(5) 容器に入っていた油の $\frac{3}{5}$ を使ったところ9dLが残りました。はじめに容器に入っていた油は何dLですか。

答　dL

2 次の問いに答えましょう。

▶ 3 問×10 点【計 30 点】

右の表は高さが 8cm の三角形の，底辺 x と面積 y の関係を表したものです。

底辺 x	1	2	3	…
面積 y	4	8	12	…

(1) 底辺が 4.6cm のとき，面積は何 cm^2 ですか。

答 cm^2

(2) 面積が $36cm^2$ のとき，底辺は何 cm ですか。

答 cm

(3) y を x の式で表しましょう。

答

3 次の問いに答えましょう。

▶ 2 問×10 点【計 20 点】

次の表は，体積が $240cm^3$ で高さが 5cm の直方体の，底面の縦（たて）x と横 y の関係を表したものです。

縦 x	1	イ	8	…
横 y	ア	12	ウ	…

(1) 表のア，イ，ウにあてはまる数は何ですか。

答 ア　　イ　　ウ

(2) y を x の式で表しましょう。

答

答え☞ 110 ページ

割合（わりあい），比例，反比例のかくにんテストだね。
どれも重要な分野だからしっかり理解しておこう！

場合の数(1)

月　日(　時　分～　時　分)

なまえ

点 / 100点

1 次の問いに答えましょう。 ▶4問×10点【計40点】

(1) {1, 3, 5} の3枚のカードがあります。この3枚のカードを並べて3けたの整数を作ります。このときにできる1番大きい整数はいくつですか。

答

(2) {0, 2, 4} の3枚のカードがあります。この3枚のカードを並べて3けたの整数を作ります。このときにできる1番小さい整数はいくつです。

答

(3) {0, 1, 2} の3枚のカードがあります。このうち，2枚のカードを並べて2けたの整数を作ります。全部で何通りの整数ができますか。

答　　通り

(4) {1, 2, 3} の3枚のカードがあります。このうち，2枚のカードを並べて2けたの整数を作ります。全部で何通りの整数ができますか。

答　　通り

2 次の問いに答えましょう。

▶ 2 問×15 点【計 30 点】

(1) {A, A, B} とかかれた3枚のカードがあります。このうち，2枚のカードを並べます。全部で何通りの並べ方がありますか。

答　　　　通り

(2) {1, 1, 2, 3} の4枚のカードがあります。このうち，3枚のカードを並べて3けたの整数を作ります。このとき，小さい方から数えて7番目の整数はいくつですか。

答

▶▶ 一歩先を行く問題

3 次の問いに答えましょう。

▶ 2 問×15 点【計 30 点】

{0, 1, 2, 3} の4枚のカードがあります。このうち，3枚のカードを並べて3けたの整数を作ります。

(1) 小さい方から数えて3番目の整数はいくつですか。

答

(2) 大きい方から数えて5番目の整数はいくつですか。

答

答え☞ 110ページ

場合の数の問題だね。場合の数の基本は樹形図（じゅけいず）などの図を用いて，もれなく，重なりがないように数え上げることだよ！

場合の数 (2)

月　日（　時　分～　時　分）

なまえ

点 / 100点

1 次の問いに答えましょう。

▶4問×10点【計40点】

(1) {0, 3, 4} の3枚(まい)のカードがあります。このうち，2枚のカードを並べて2けたの整数を作ります。全部で何通りの整数ができますか。

答　　通り

(2) {A, A, B, C} とかかれた4枚のカードがあります。このうち，3枚のカードを並べます。全部で何通りの並べ方がありますか。

答　　通り

(3) {0, 1, 2, 3} の4枚のカードがあります。このうち，3枚のカードを並べて3けたの整数を作ります。全部で何通りの整数ができますか。

答　　通り

(4) {0, 1, 1, 3} の4枚のカードがあります。このうち，3枚のカードを並べて3けたの整数を作ります。全部で何通りの整数ができますか。

答　　通り

2 次の問いに答えましょう。

▶ 2問×15点【計30点】

(1) {0, 1, 1, 2} の4枚のカードがあります。このうち，2枚のカードを並べて2けたの整数を作ります。全部で何通りの整数ができますか。

答　　　　通り

(2) {0, 1, 2, 3, 3} の5枚のカードがあります。このうち，2枚のカードを並べて2けたの整数を作ります。全部で何通りの整数ができますか。

答　　　　通り

▶▶ 一歩先を行く問題

3 次の問いに答えましょう。

▶ 2問×15点【計30点】

次の紙を，辺と辺とがぴったりと重なるように並べるとき，並べ方は全部で何通りありますか。ただし，回転したり，うら返したりしても同じ模様（もよう）になる並べ方は，同じものとします。

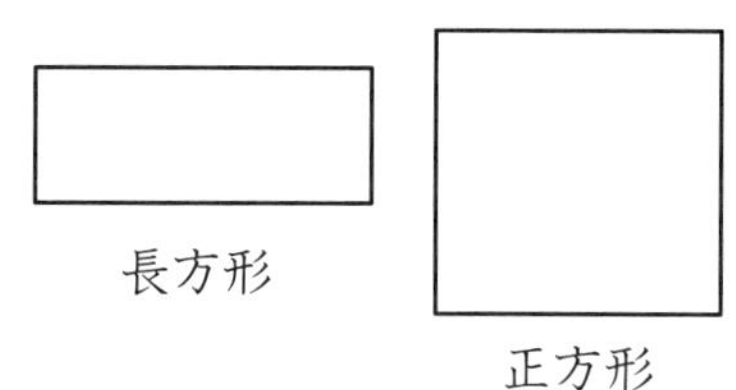

(1) 同じ大きさの長方形を3枚並べる場合。

答　　　　通り

(2) 同じ大きさの正方形を4枚並べる場合。

答　　　　通り

答え☞111ページ

まとめ

場合の数の問題だね。場合の数は順列と組み合わせがあるんだ。
ここでは順列を学習するよ！

場合の数（3）

月　日（　時　分～　時　分）

なまえ

点 / 100点

1 次の問いに答えましょう。

▶４問×10点【計40点】

(1) {1, 2, 3} の３枚のカードがあります。このうち，２枚のカードを並べて２けたの整数を作ります。全部で何通りの整数ができますか。

答　　　通り

(2) {1, 2, 3, 4} の４枚のカードがあります。このうち，２枚のカードを並べて２けたの整数を作ります。全部で何通りの整数ができますか。

答　　　通り

(3) {1, 2, 3, 4} の４枚のカードがあります。このうち，３枚のカードを並べて３けたの整数を作ります。全部で何通りの整数ができますか。

答　　　通り

(4) {1, 2, 3, 4, 5} の５枚のカードがあります。このうち，２枚のカードを並べて２けたの整数を作ります。全部で何通りの整数ができますか。

答　　　通り

2 次の問いに答えましょう。

▶ 2問×15点【計30点】

(1) {0, 1, 2, 3} の4枚のカードがあります。このうち，3枚のカードを並べて3けたの整数を作ります。全部で何通りの偶数(ぐうすう)ができますか。

答 通り

(2) {1, 2, 3, 4, 5} の5枚のカードがあります。このうち，2枚のカードを並べて2けたの整数を作ります。全部で何通りの奇数(きすう)ができますか。

答 通り

▶▶ 一歩先を行く問題

3 次の問いに答えましょう。

▶ 2問×15点【計30点】

{A, B, C, D, E} の5人の子どもが写真をとります。

(1) Aが左はしに並ぶとき，何通りの並べ方がありますか。

答 通り

(2) AとBが両はしに並ぶとき，何通りの並べ方がありますか。

答 通り

答え☞111ページ

場合の数の順列の問題だよ。n 個から2個を並べる場合，$n \times (n-1)$ 通り，n 個から3個を並べる場合，$n \times (n-1) \times (n-2)$ 通りとなるよ！

場合の数 (4)

月　日（　時　分～　時　分）
なまえ
点 / 100点

1 次の問いに答えましょう。 ▶5問×10点【計50点】

(1) {赤，黄，青} の色えんぴつが1本ずつあります。この中から2本の色えんぴつを選ぶ方法は何通りありますか。

答　　　　通り

(2) {A，B，C，D，E} の5人がいます。この5人の中から2人の委員を選びます。選び方は何通りありますか。

答　　　　通り

(3) {A，B，C，D} の4人がいます。この4人の中から2人の掃除(そうじ)当番を選びます。選び方は何通りありますか。

答　　　　通り

(4) {国語，算数，理科，社会，体育} の5教科から好きな教科を3つ選びます。選び方は何通りありますか。

答　　　　通り

(5) 35人のクラスで代表委員を2人選びます。選び方は何通りありますか。

答　　　　通り

2 次の問いに答えましょう。

▶ 2問×10点【計20点】

(1) リンゴが2個，ミカンが2個あります。この中から2個を選ぶとき，くだものの組み合わせは何通りありますか。

答　　　　通り

(2) リンゴが2個，ミカンが1個，カキが1個あります。この中から2個を選ぶとき，くだものの組み合わせは何通りありますか。

答　　　　通り

▶▶ 一歩先を行く問題

3 次の問いに答えましょう。

▶ 2問×15点【計30点】

(1) 大と小のさいころがあります。この2個のさいころを同時にふって，出た目の和が6になる目の出方は何通りありますか。

答　　　　通り

(2) 大と小のさいころがあります。この2個のさいころを同時にふって，出た目の積が6になる目の出方は何通りありますか。

答　　　　通り

答え☞111ページ

まとめ

組み合わせて，n個から2個を並べる場合，$n \times (n-1) \div 2$通り，n個から3個を並べる場合，$n \times (n-1) \times (n-2) \div 6$通りとなるよ！

小学６年の図形と文章題

かくにんテスト（第21～24回）

月　日（　時　分～　時　分）

なまえ

点 / 100点

1 次の問いに答えましょう。

▶４問×10点【計40点】

(1) {0, 1, 3} の３枚のカードがあります。この３枚のカードを並べて３けたの整数を作ります。このときにできる２番目に小さい整数はいくつですか。

答

(2) {0, 2, 4} の３枚のカードがあります。このうち，２枚のカードを並べて２けたの整数を作ります。全部で何通りの整数ができますか。

答　通り

(3) {A, B, B, C} とかかれた４枚のカードがあります。このうち，３枚のカードを選びます。選び方は何通りありますか。

答　通り

(4) {0, 1, 2, 3} の４枚のカードがあります。このうち，３枚のカードを並べて３けたの整数を作ります。このとき，小さい方から数えて８番目の整数はいくつですか。

答

2 次の問いに答えましょう。

▶2問×15点【計30点】

(1) {1, 3, 5, 7} の4枚のカードがあります。このうち，2枚のカードを並べて2けたの整数を作ります。全部で何通りの整数ができますか。

答 ＿＿＿＿＿＿ 通り

(2) {1, 2, 3, 4, 5} の5枚のカードがあります。このうち，3枚のカードを並べて3けたの整数を作ります。全部で何通りの整数ができますか。

答 ＿＿＿＿＿＿ 通り

3 次の問いに答えましょう。

▶2問×15点【計30点】

(1) {A, B, C, D, E} の5人がいます。この5人の中から2人の掃除（そうじ）当番を選びます。選び方は何通りありますか。

答 ＿＿＿＿＿＿ 通り

(2) 32人のクラスで代表委員を2人選びます。選び方は何通りありますか。

答 ＿＿＿＿＿＿ 通り

答え☞112ページ

まとめ

場合の数のかくにんテストだ。
順列か組み合わせかを考えて，樹形図（じゅけいず），公式をうまく使おう！

円 (1)

月　日（　時　分～　時　分）

なまえ

点 / 100点

1 次の問いに答えましょう。

▶ 6問×8点【計48点】

(1) 半径8cmの円の面積は何cm^2ですか。

答　　cm^2

(2) 半径5cmの円の面積は何cm^2ですか。

答　　cm^2

(3) 直径10cmの円の面積は何cm^2ですか。

答　　cm^2

(4) 直径14cmの円の面積は何cm^2ですか。

答　　cm^2

(5) 半径4cmの半円の面積は何cm^2ですか。

答　　cm^2

(6) 直径20cmの半円の面積は何cm^2ですか。

答　　cm^2

2 次の問いに答えましょう。

▶ 2 問×11 点【計 22 点】

(1) 右の図の四分円の面積は何 cm^2 ですか。

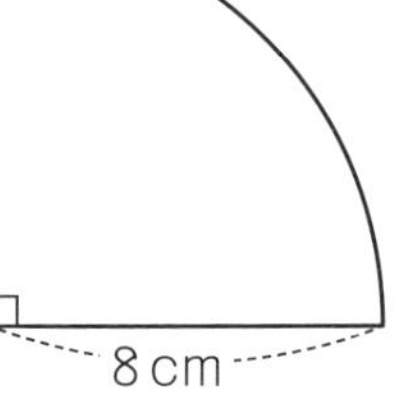

(2) 右の図の四分円の面積は何 cm^2 ですか。

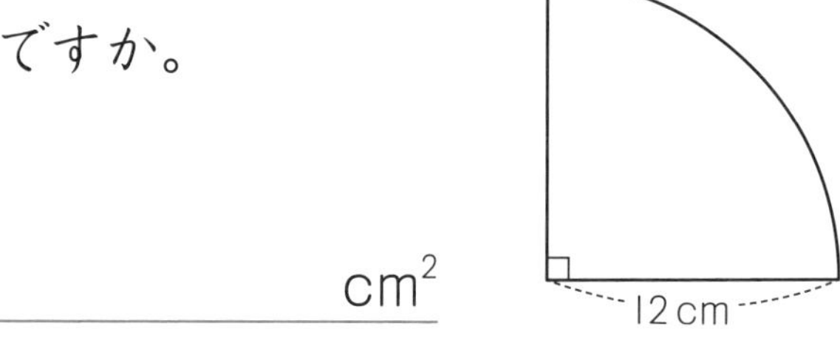

▶▶ 一歩先を行く問題

3 次の問いに答えましょう。

▶ 3 問×10 点【計 30 点】

(1) 円周が 12.56cm の円の半径は何 cm ですか。

答 ＿＿＿＿＿＿＿＿ cm

(2) 面積が $314cm^2$ の円の半径は何 cm ですか。

答 ＿＿＿＿＿＿＿＿ cm

(3) 面積が $28.26cm^2$ の円の半径は何 cm ですか。

答 ＿＿＿＿＿＿＿＿ cm

答え☞ 112 ページ

円の問題だよ。
円の面積は，半径×半径×円周率，円周の長さは，直径×円周率だったね。

円 (2)

月　日（　時　分～　時　分）

なまえ

点 / 100点

1 次の問いに答えましょう。

▶ 2問×10点【計20点】

右の図は，半径が3cmと5cmの2つの円をかいたものです。

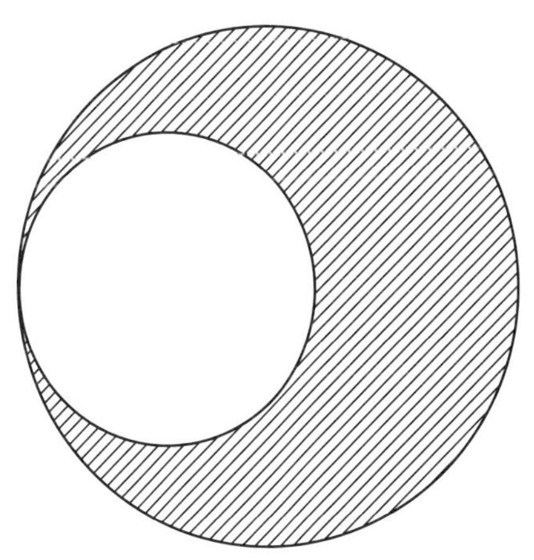

(1) 斜線部分の面積は何cm^2ですか。

答　　　　cm^2

(2) 斜線部分のまわりの長さは何cmですか。

答　　　　cm

2 次の問いに答えましょう。

▶ 2問×10点【計20点】

右の図は，正方形の中に四分円をかいたものです。

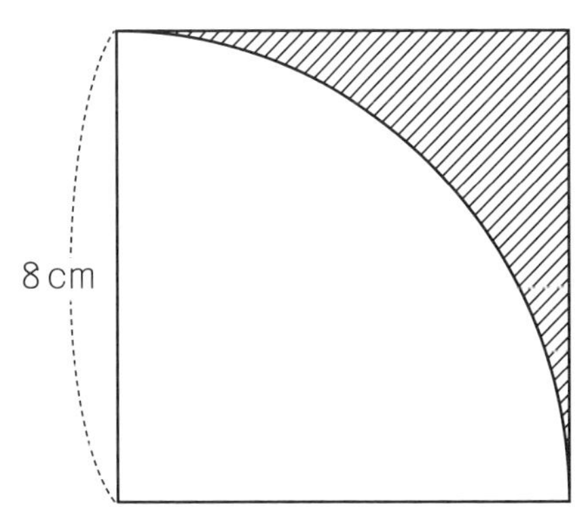

(1) 斜線部分の面積は何cm^2ですか。

答　　　　cm^2

(2) 斜線部分のまわりの長さは何cmですか。

答　　　　cm

3 次の問いに答えましょう。　▶ 2 問×15 点【計 30 点】

右の図は，3 つ半円をかいたものです。

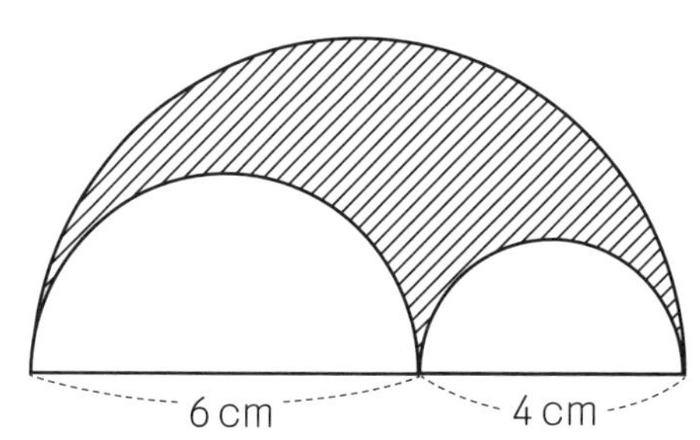

(1)　斜線部分の面積は何 cm^2 ですか。

答　　　　　cm^2

(2)　斜線部分のまわりの長さは何 cm ですか。

答　　　　　cm

▶▶ 一歩先を行く問題

4 次の問いに答えましょう。　▶ 2 問×15 点【計 30 点】

右の図は，正方形の中に四分円と半円をかいたものです。

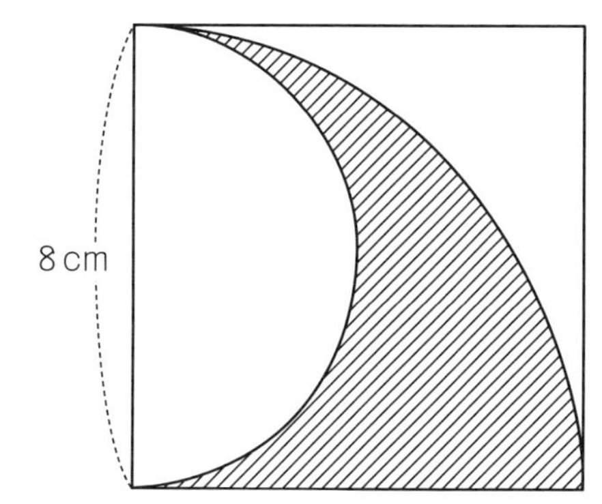

(1)　斜線部分のまわりの長さは何 cm ですか。

答　　　　　cm

(2)　斜線部分の面積は何 cm^2 ですか。

答　　　　　cm^2

第 27 回　円 (2)

答え☞ 112ページ

円の問題だよ。円の複合図形の問題は，
○× 3.14 ＋□× 3.14 ＝ (○＋□) × 3.14 のように，3.14 をまとめて計算しよう。

円 (3)

月 日 (時 分～ 時 分)

なまえ

点 / 100点

1 次の問いに答えましょう。

▶ 6問×8点【計48点】

(1) 半径が2cm，中心角が180度のおうぎ形の面積は何cm^2ですか。

答 cm^2

(2) 半径が4cm，中心角が90度のおうぎ形の面積は何cm^2ですか。

答 cm^2

(3) 半径が3cm，中心角が60度のおうぎ形の面積は何cm^2ですか。

答 cm^2

(4) 半径が6cm，中心角が30度のおうぎ形の面積は何cm^2ですか。

答 cm^2

(5) 半径が8cm，中心角が45度のおうぎ形の面積は何cm^2ですか。

答 cm^2

(6) 半径が8cm，中心角が135度のおうぎ形の面積は何cm^2ですか。

答 cm^2

2 次の問いに答えましょう。

▶ 2問×11点【計22点】

右の図は，直角二等辺三角形の中におうぎ形をかいたものです。

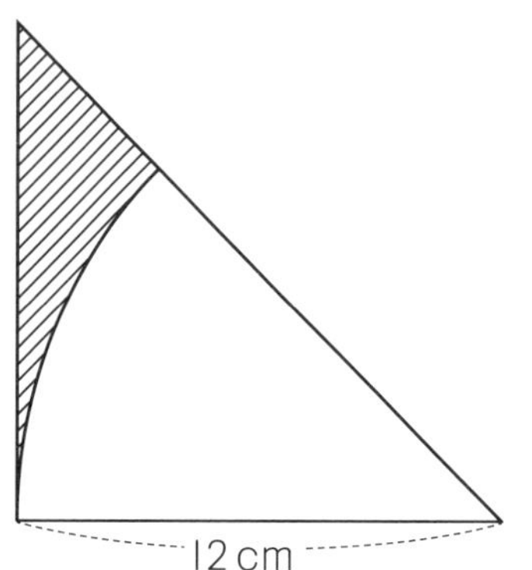

(1) 斜線（しゃせん）部分の面積は何 cm^2 ですか。

答 cm^2

(2) おうぎ形のまわりの長さは何 cm ですか。

答 cm

▶▶ 一歩先を行く問題

3 次の問いに答えましょう。

▶ 2問×15点【計30点】

右の図は，中心角が120度のおうぎ形を2個かいたものです。

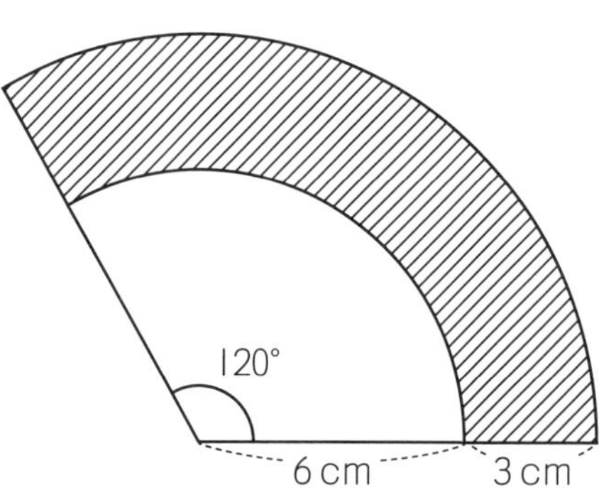

(1) 斜線部分の面積は何 cm^2 ですか。

答 cm^2

(2) 斜線部分のまわりの長さは何 cm ですか。

答 cm

答え☞112ページ

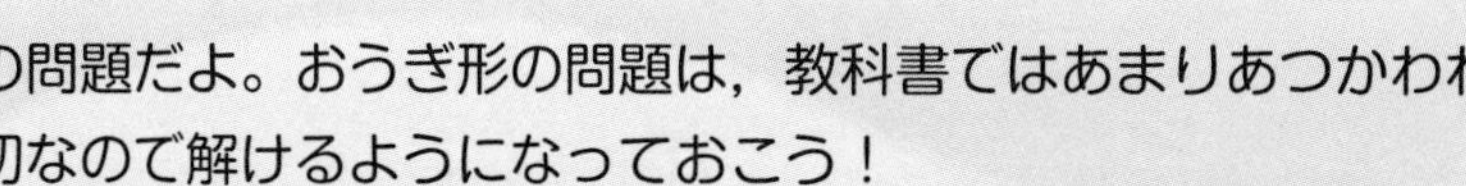

円 (4)

1 次の問いに答えましょう。

▶ 1問×10点【計10点】

右の図は，正方形の中に2つの半円をかいたものです。斜線部分の面積は何 cm^2 ですか。

答 cm^2

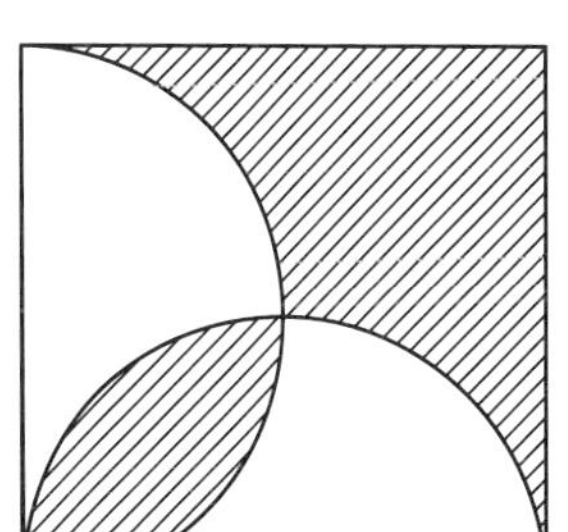

2 次の問いに答えましょう。

▶ 1問×15点【計15点】

右の図は，半径4cm の円に直径を引いたものです。斜線部分の面積は何 cm^2 ですか。

答 cm^2

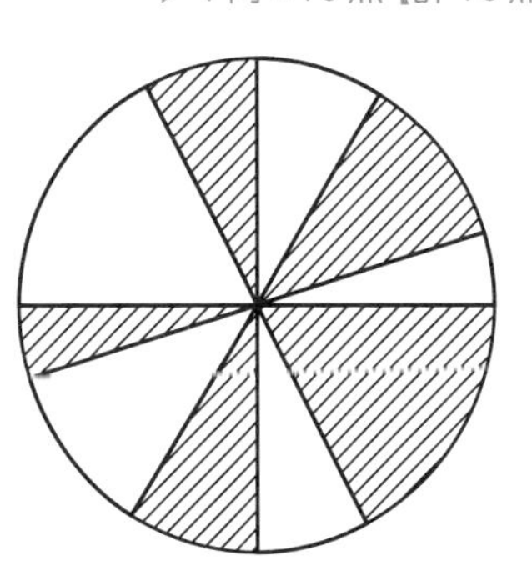

3 次の問いに答えましょう。

▶ 1問×15点【計15点】

右の図は，直角二等辺三角形と半円をかいたものです。斜線部分の面積は何 cm^2 ですか。

答 cm^2

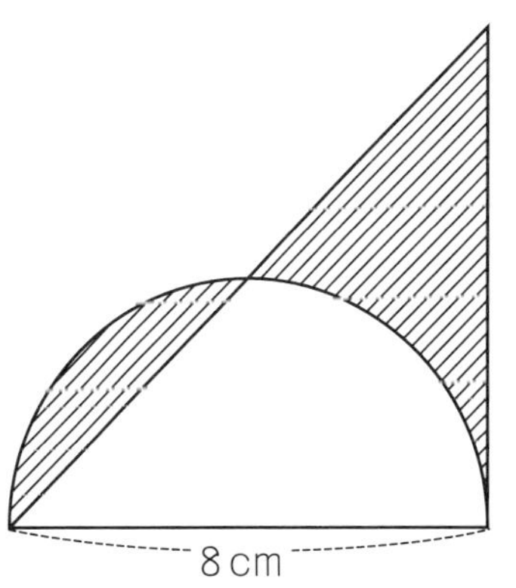

4 次の問いに答えましょう。 ▶ 2問×15点【計 30 点】

右の図は，正方形の中に２個の半円をかいたものです。

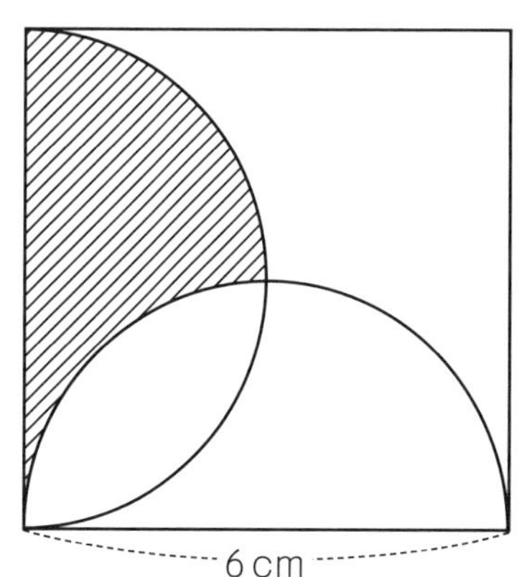

(1) 斜線部分のまわりの長さは何 cm ですか。

答 ＿＿＿＿＿＿ cm

(2) 斜線部分の面積は何 cm^2 ですか。

答 ＿＿＿＿＿＿ cm^2

▶▶一歩先を行く問題

5 次の問いに答えましょう。 ▶ 2問×15点【計 30 点】

右の図は，正三角形と半円をかいたものです。

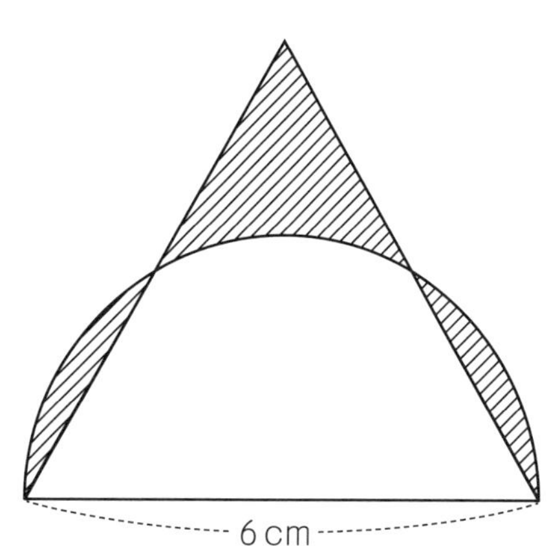

(1) 斜線部分のまわりの長さは何 cm ですか。

答 ＿＿＿＿＿＿ cm

(2) 斜線部分の面積は何 cm^2 ですか。

答 ＿＿＿＿＿＿ cm^2

答え☞ 113ページ

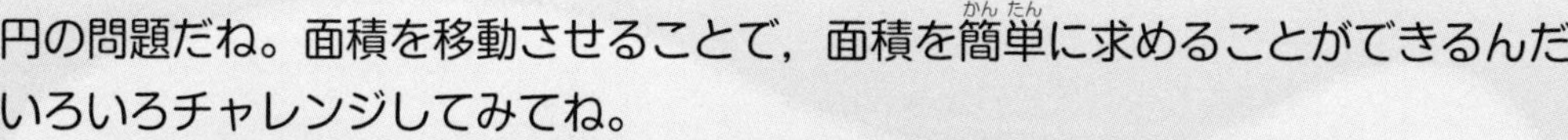

かくにんテスト（第26～29回）

月　日（　時　分～　時　分）

なまえ

点 / 100点

1 次の問いに答えましょう。

▶6問×10点【計60点】

(1) 半径5cmの円の面積は何cm^2ですか。

答　　　　cm^2

(2) 半径6cmの半円の面積は何cm^2ですか。

答　　　　cm^2

(3) 半径4cmの四分円の面積は何cm^2ですか。

答　　　　cm^2

(4) 半径が6cm，中心角が60度のおうぎ形の面積は何cm^2ですか。

答　　　　cm^2

(5) 半径が12cm，中心角が30度のおうぎ形の面積は何cm^2ですか。

答　　　　cm^2

(6) 半径が8cm，中心角が45度のおうぎ形の面積は何cm^2ですか。

答　　　　cm^2

2 次の問いに答えましょう。

▶ 1問×20点【計20点】

右の図は，正方形の中に四分円と半円を2つかいたものです。斜線(しゃせん)部分の面積は何 cm^2 ですか。

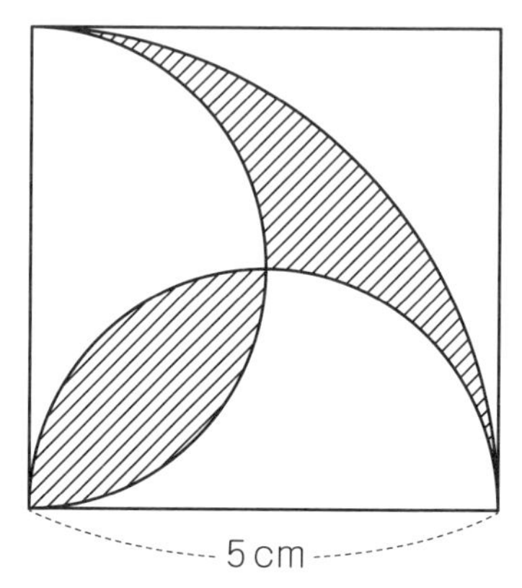

答 cm^2

3 次の問いに答えましょう。

▶ 2問×10点【計20点】

右の図は，正方形の中に半円を2つかいたものです。

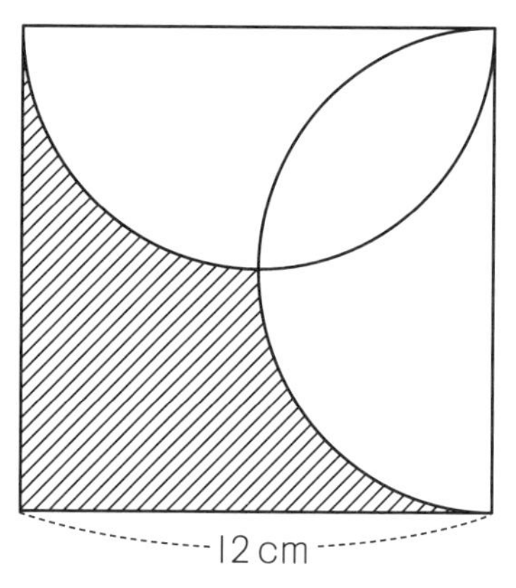

(1) 斜線部分の面積は何 cm^2 ですか。

答 cm^2

(2) 斜線部分のまわりの長さは何 cm ですか。

答 cm

答え☞113ページ

まとめ

円のかくにんテストだよ。3.14で式をくくったり，面積を移動させることで，面積を早く，正確に求められるようにしよう。

拡大図と縮図（1）

月　日（　時　分〜　時　分）

なまえ

点 / 100点

1 次の表をうめましょう。

▶１問×20点【計20点】

	線対称	対称の軸の数	点対称
正三角形			
正方形			
正五角形			
正六角形			
正八角形			

2 次の問いに答えましょう。

▶３問×10点【計30点】

右の図の三角形 DEF は三角形 ABC を拡大したものです。

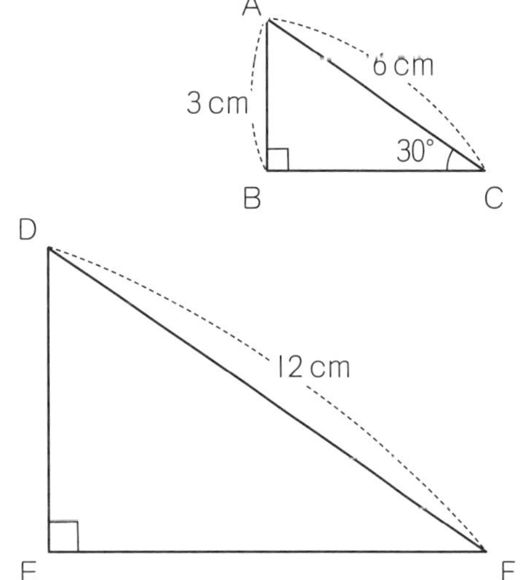

(1) 何倍に拡大しましたか。

答　　　　倍

(2) DE は何 cm ですか。

答　　　　cm

(3) 角 D は何度ですか。

答　　　　度

3 次の問いに答えましょう。

▶3問×10点【計30点】

(1) 縮尺(しゅくしゃく)5000分の1の地図上で，6cmの長さは何mですか。

答 m

(2) 縮尺50000分の1の地図上で，8cmの長さは何mですか。

答 m

(3) 縮尺4000分の1の地図上で，縦(たて)5cm，横6cmの長方形の面積は何m²ですか。

答 m²

▶▶一歩先を行く問題

4 次の問いに答えましょう。

▶2問×10点【計20点】

右の図の三角形DEFは三角形ABCを拡大したものです。

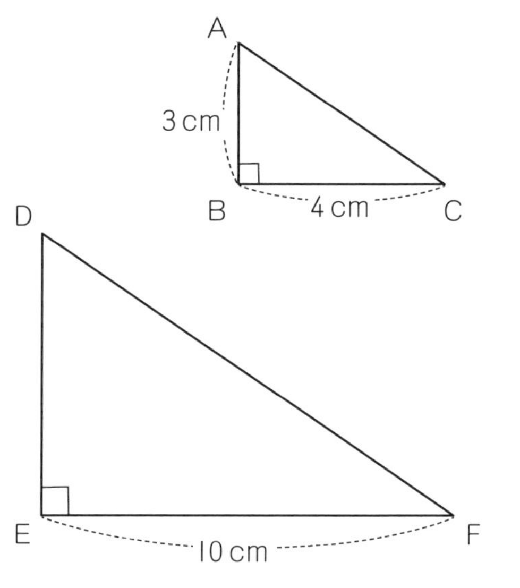

(1) 何倍に拡大しましたか。

答 倍

(2) 三角形DEFの面積は何cm²ですか。

答 cm²

答え☞113ページ

拡大図(かくだいず)と縮図(しゅくず)の問題では，対応する辺や頂点(ちょうてん)を見つけることがポイントだよ。

拡大図と縮図 (2)

1 次の問いに答えましょう。

▶ 2問×10点【計20点】

右の図は，三角形を2つかいたものです。

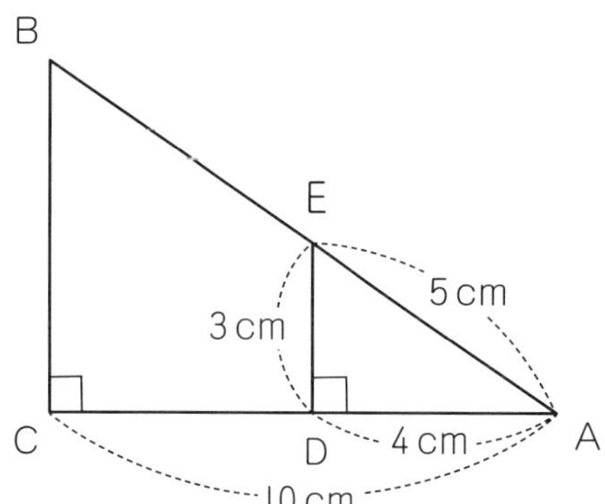

(1) BC は何 cm ですか。

答　　　　cm

(2) AB は何 cm ですか。

答　　　　cm

2 次の問いに答えましょう。

▶ 2問×15点【計30点】

右の図の三角形 ABC があります。DE は BC と平行です。

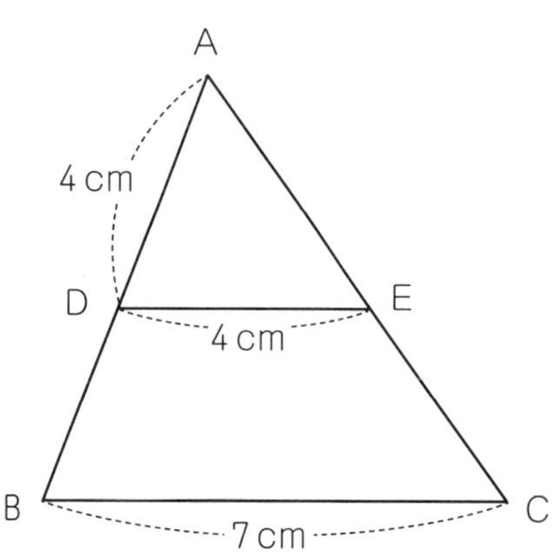

(1) AC : AE はいくつですか。

答

(2) DB は何 cm ですか。

答　　　　cm

3 次の問いに答えましょう。 ▶2問×10点【計20点】

右の図の長方形で，BE：EC＝2：3です。

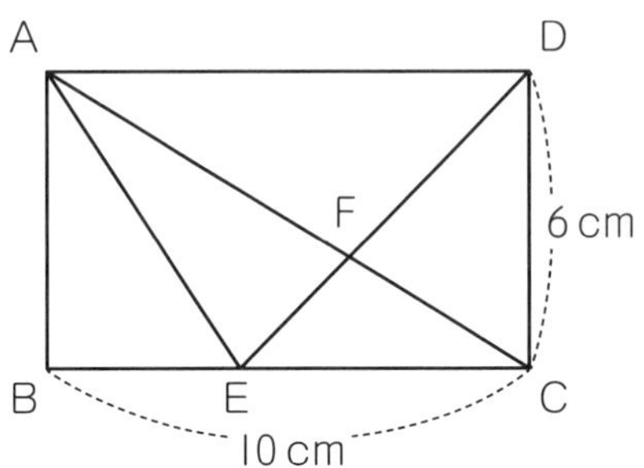

(1) BEは何cmですか。

答 cm

(2) AF：FCはいくつですか。

答

▶▶一歩先を行く問題

4 次の問いに答えましょう。 ▶2問×15点【計30点】

右の図の三角形ABCで，AD：DB＝1：1，BE：EC＝3：2です。

(1) 三角形ABCの面積を1とすると，三角形DBEの面積はいくつになりますか。

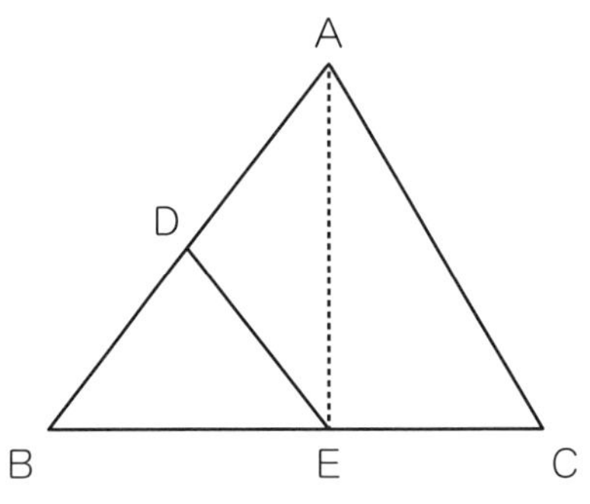

答

(2) 三角形DBE：四角形ADECはいくつになりますか。

答

答え☞114ページ

拡大図と縮図の問題だね。同じ形の図形を見つけるには平行線がポイントだよ！

平面図形 (1)

1 次の問いに答えましょう。

▶2問×10点【計20点】

右の図は，長方形を折り返したものです。

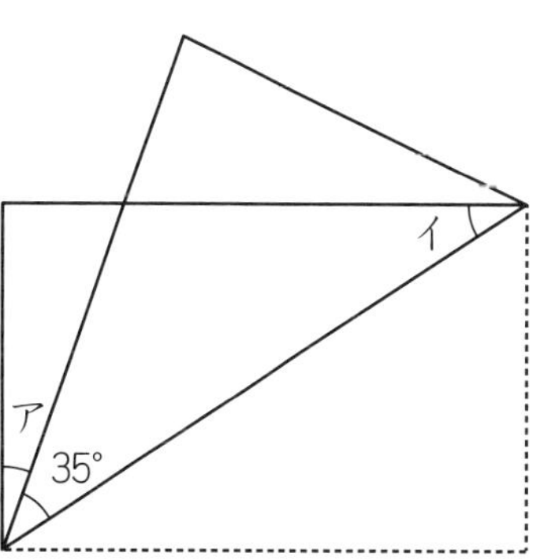

(1) 角アの大きさは何度ですか。

答 度

(2) 角イの大きさは何度ですか。

答 度

2 次の問いに答えましょう。

▶2問×15点【計30点】

右の図は，長方形を折り返したものです。

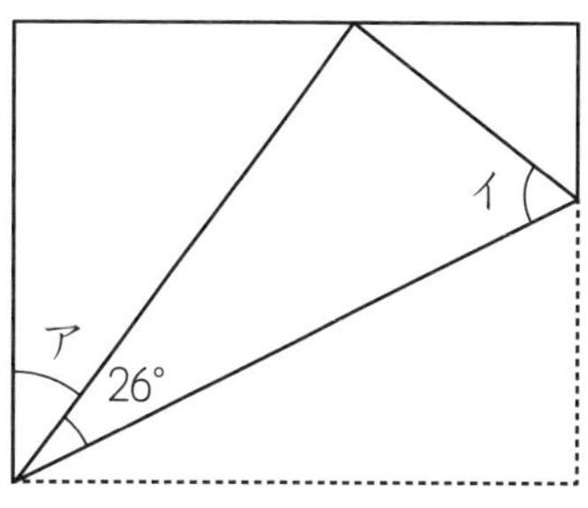

(1) 角アの大きさは何度ですか。

答 度

(2) 角イの大きさは何度ですか。

答 度

3 次の問いに答えましょう。

▶ 2問×10点【計20点】

右の図は，正三角形を折り返したものです。

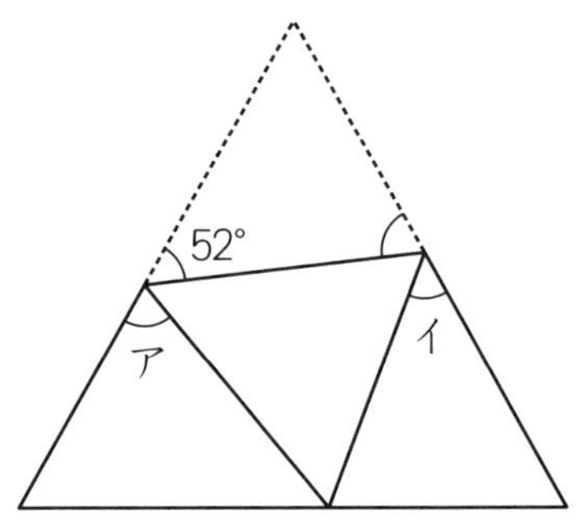

(1) 角アの大きさは何度ですか。

答　　　　度

(2) 角イの大きさは何度ですか。

答　　　　度

▶▶ 一歩先を行く問題

4 次の問いに答えましょう。

▶ 2問×15点【計30点】

右の図は，おうぎ形を折り返したものです。

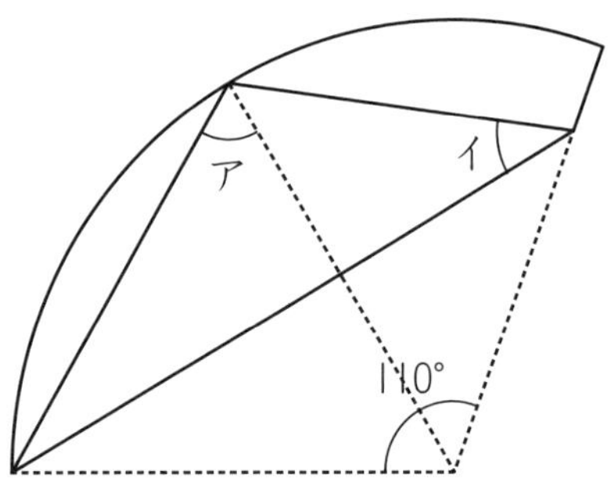

(1) 角アの大きさは何度ですか。

答　　　　度

(2) 角イの大きさは何度ですか。

答　　　　度

答え☞114ページ

図形の折り返しの問題だよ。折り返した角度が同じ大きさなのがポイントだ！

平面図形 (2)

月　日（　時　分～　時　分）
なまえ
点 / 100点

1 次の問いに答えましょう。

▶ 2問×10点【計20点】

右の図は，半径2cmの円Oのまわりを半径2cmの円Pが1周しました。

(1) 点Pは何cm動きましたか。

答　　　　cm

(2) 円Pの動いた面積は何cm^2ですか。

答　　　　cm^2

2 次の問いに答えましょう。

▶ 2問×15点【計30点】

右の図は，1辺が3cmの正三角形がすべらず回転したものです。

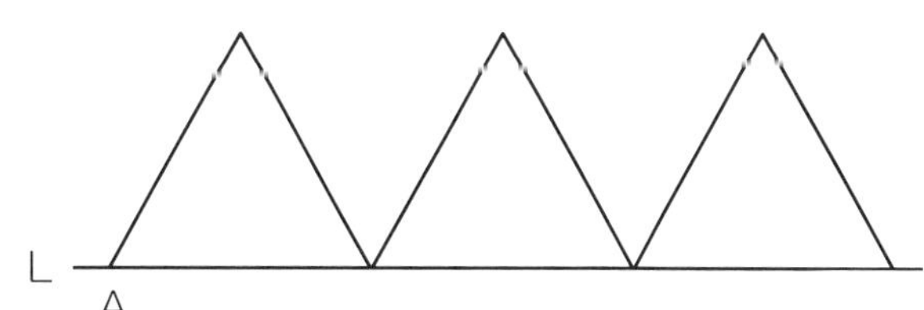

(1) 点Aは何cm動きましたか。

答　　　　cm

(2) 正三角形の面積を$3.9cm^2$とすると，点Aの動いた線と直線Lとで囲まれている面積は何cm^2ですか。

答　　　　cm^2

3 次の問いに答えましょう。　▶2問×10点【計20点】

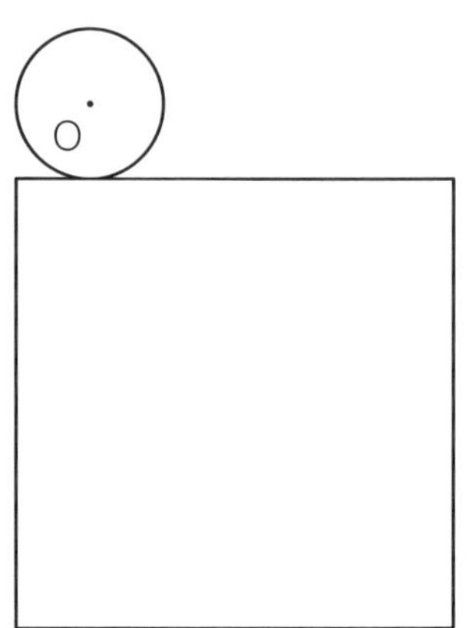

右の図は，1辺10cmの正方形のまわりを半径2cmの円が1周したものです。

(1) 点Oは何cm動きましたか。

答　　　　cm

(2) 円Oの動いた面積は何cm^2ですか。

答　　　　cm^2

▶▶ 一歩先を行く問題

4 次の問いに答えましょう。　▶2問×15点【計30点】

次の図は，長方形を直線Lにそってすべらず回転したものです。

(1) 点Aは何cm動きましたか。

答　　　　cm

(2) 点Aの動いた線と直線Lとで囲まれている面積は何cm^2ですか。

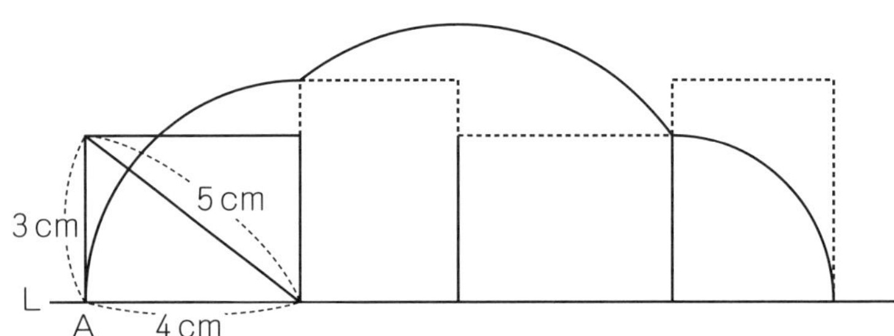

答　　　　cm^2

答え☞114ページ

図形の移動の問題だよ。
この問題では，どの点が中心になるのかを確認することがポイントだ！

かくにんテスト (第31～34回)

月　日(　時　分～　時　分)

なまえ

点 / 100点

1 次の問いに答えましょう。

▶3問×10点【計30点】

(1) 縮尺(しゅくしゃく)5000分の1の地図上で，10cmの長さは何mですか。

答　　　m

(2) 縮尺50000分の1の地図上で，4cmの長さは何mですか。

答　　　m

(3) 縮尺4000分の1の地図上で，縦(たて)7cm，横8cmの長方形の面積は何m^2ですか。

答　　　m^2

2 次の問いに答えましょう。

▶2問×10点【計20点】

右の図は，長方形を折り返したものです。

46°
ア
イ

(1) 角アの大きさは何度ですか。

答　　　度

(2) 角イの大きさは何度ですか。

答　　　度

3 次の問いに答えましょう。

▶ 3問×10点【計30点】

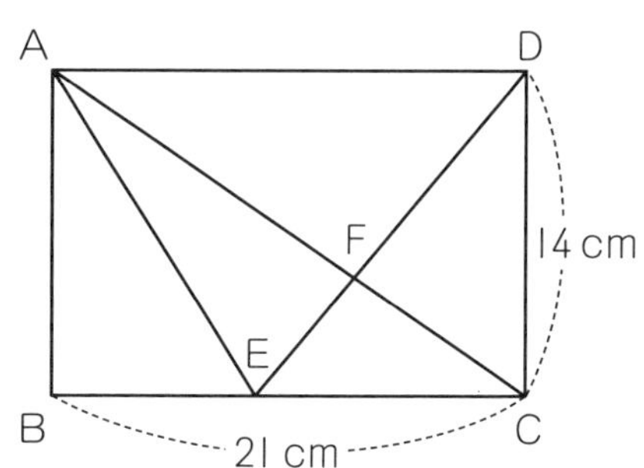

右の図の長方形で，BE：EC ＝ 3：4 です。

(1) EC は何 cm ですか。

(2) AF：FC はいくつですか。

答

(3) 三角形 AFD の面積は何 cm^2 ですか。

答 cm^2

4 次の問いに答えましょう。

▶ 2問×10点【計20点】

右の図は，1 辺 14cm の正方形のまわりを半径3cm の円が 1 周したものです。

(1) 点O は何 cm 動きましたか。

答 cm

(2) 円O の動いた面積は何 cm^2 ですか。

答 cm^2

答え☞ 115ページ

まとめ 拡大図と縮図，平面図形のかくにんテストだ。この単元は教科書ではあまりあつかわれないけど，重要だからしっかり取り組んでおこう！

いろいろな文章題 (1)

月　日（　時　分～　時　分）

なまえ

点 / 100点

例題

(1) はじめ，兄と弟の持っているカードの枚数（まいすう）の比は7：3でしたが，兄が弟に4枚あげたので，兄と弟の持っているカードの枚数の比は3：2になりました。はじめ，兄が持っていたカードの枚数は何枚ですか。

(2) はじめ，兄と弟の持っているお金の比は5：3でしたが，2人とも420円ずつ使ったので，兄と弟の持っているお金の比は4：1になりました。はじめ，弟が持っていたお金は何円ですか。

▼解説

(1) 持っているカードの枚数の和は変わりませんから，比の和をそろえます。

7：3＝7：3(和が10)

3：2＝6：4(和が10)

4÷(7－6)×7＝28(枚)

答　28枚

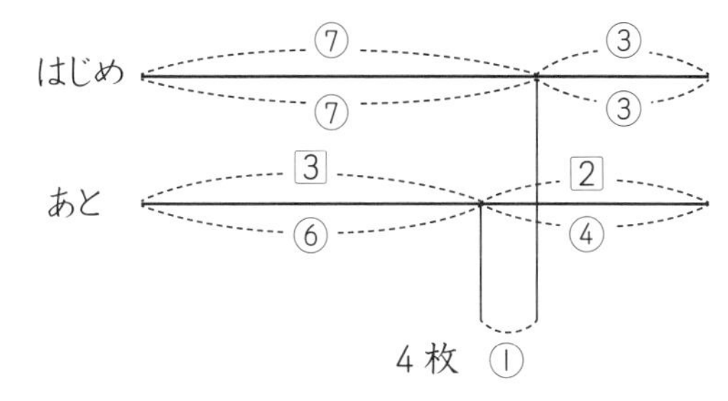

(2) 持っているお金の差は変わりませんから，比の差をそろえます。

5：3＝15：9(差が6)

4：1＝8：2(差が6)

420÷(15－8)×9＝540(円)

答　540円

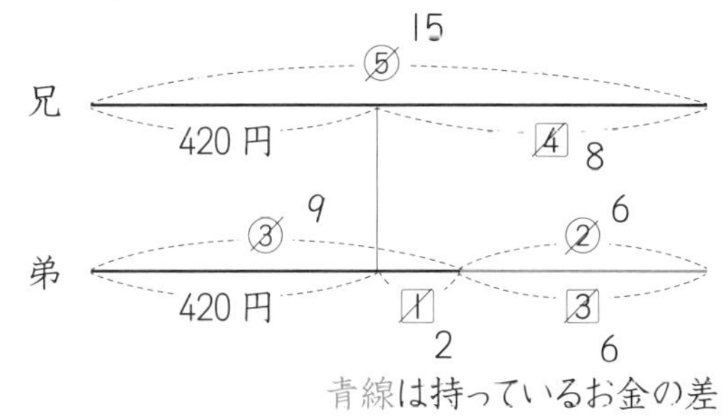

青線は持っているお金の差

1 次の問いに答えましょう。

▶ 4問×25点【計100点】

(1) はじめ，兄と弟の持っているカードの枚数の比は9:5でしたが，兄が弟に6枚あげたので，兄と弟の持っているカードの枚数の比は3:4になりました。はじめ，兄が持っていたカードの枚数は何枚ですか。

答　　　　　　枚

(2) はじめ，兄と弟の持っているお金の比は4:1でしたが，2人とも400円ずつもらったので，兄と弟の持っているお金の比は7:3になりました。はじめ，弟が持っていたお金は何円ですか。

答　　　　　　円

(3) はじめ，兄と弟の持っているお金の比は5:3でしたが，兄が弟に300円をあげたので，兄と弟の持っているお金の比は7:5になりました。はじめ，兄が持っていたお金は何円ですか。

答　　　　　　円

(4) はじめ，商品A，Bの値段の比は9:11でしたが，どちらも75円ずつ値下げをすると，商品Aと商品Bの値段の比は3:4になりました。値下げ後の商品Aは何円ですか。

答　　　　　　円

答え☞115ページ

ここからは，教科書ではあまりあつかわれない重要な問題だよ。
今回は比に関する問題だ！

いろいろな文章題 (2)

月　日（　時　分～　時　分）

なまえ

点 / 100点

例題

(1) 100gの水に25gの食塩をとかしてできる食塩水の濃さは何%ですか。

(2) 8%の食塩水150gにとけこんでいる食塩の重さは何gですか。

▼解説

(1) 100 + 25 = 125(g)
25 ÷ 125 = 0.2 → 20%

答　20%

(2) 150 × 0.08 = 12(g)

答　12g

1 次の問いに答えましょう。　▶ 2問×25点【計50点】

(1) 135gの水に15gの食塩をとかしてできる食塩水の濃さは何%ですか。

答　　　%

(2) 15%の食塩水350gにとけこんでいる食塩の重さは何gですか。

答　　　g

例題

(1)　18%の食塩水200 gに水40 gを加えると，食塩水の濃さは何%になりますか。

(2)　6%の食塩水250 gから水を50 g蒸発（じょうはつ）させると，食塩水の濃さは何%になりますか。

▼解説

(1)　$200 \times 0.18 = 36$(g)
$200 + 40 = 240$(g)
$36 \div 240 = 0.15 \rightarrow 15\%$

答　15%

(2)　$250 \times 0.06 = 15$(g)
$250 - 50 = 200$(g)
$15 \div 200 = 0.075 \rightarrow 7.5\%$

答　7.5%

2　次の問いに答えましょう。　▶2問×25点【計50点】

(1)　9%の食塩水300gに水150gを加えると，濃さは何%になりますか。

答　　　　%

(2)　8%の食塩水300gから水を100g蒸発させると，濃さは何%になりますか。

答　　　　%

答え☞115ページ

食塩水の問題だ。食塩水の濃さは？食塩水にふくまれる食塩の重さは？
これらを確認（かくにん）することが食塩水の問題の基本だよ！

いろいろな文章題 (3)

月　日（　時　分～　時　分）

なまえ

点 / 100点

例題

(1)　4%の食塩水300gに20gの食塩をとかしてできる食塩水の濃（こ）さは何%ですか。

(2)　4%の食塩水200gに9%の食塩水300gをとかしてできる食塩水の濃さは何%ですか。

(3)　5%の食塩水100gに濃さのわからない食塩水200gを混ぜたところ，7%の食塩水ができました。200gの食塩水の濃さは何%ですか。

▼解説

(1)　$300 \times 0.04 = 12$(g)

$12 + 20 = 32$(g)

$32 \div (300 + 20) = 0.1 \rightarrow 10\%$

答　10%

(2)　$200 \times 0.04 = 8$(g)

$300 \times 0.09 = 27$(g)

$(8 + 27) \div (200 + 300) = 0.07 \rightarrow 7\%$

答　7%

(3)　$100 \times 0.05 = 5$(g)

$(100 + 200) \times 0.07 = 21$(g)

$(21 - 5) \div 200 = 0.08 \rightarrow 8\%$

答　8%

1 次の問いに答えましょう。

▶5問×20点【計100点】

(1) 5% の食塩水 320g に 60g の食塩をとかしてできる食塩水の濃さは何 % ですか。

答 %

(2) 5% の食塩水 160g に 15% の食塩水 240g をとかしてできる食塩水の濃さは何 % ですか。

答 %

(3) 12% の食塩水 300g に 30g の食塩をとかしてできる食塩水の濃さは何 % ですか。

答 %

(4) 5% の食塩水 300g に 15% の食塩水 200g をとかしてできる食塩水の濃さは何 % ですか。

答 %

(5) 7% の食塩水 300g に濃さのわからない食塩水 100g を混ぜたところ, 9% の食塩水ができました。100g の食塩水の濃さは何 % ですか。

答 %

答え☞ 116ページ

まとめ

食塩水の問題だね。
食塩・食塩水それぞれの重さはどう変化したのかをつかむことがポイントだよ！

いろいろな文章題 (4)

月　日（　時　分～　時　分）

なまえ

点 / 100点

例題

(1)　分速85 mで歩く人と分速65 mで歩く人が，それぞれA，B両地点から向かい合って同時に出発すると18分後に出会います。AB間の道のりは何mですか。

(2)　家から駅まで1200 mあります。兄は家から駅へ分速80 mで，弟は駅から家へ分速70 mで同時に歩き始めると，2人は何分後に出会いますか。

(3)　A君は分速65 mで出発した10分後に，B君が分速90 mで追いかけます。B君がA君に追いつくのは，B君が出発してから何分後ですか。

▼解説

(1)　$(85+65)\times 18=2700$(m)

答　2700m

(2)　$1200\div(80+70)=8$(分後)

答　8分後

(3)　$65\times 10=650$(m)

$650\div(90-65)=26$(分後)

答　26分後

1 次の問いに答えましょう。

▶ 4問×25点【計100点】

(1) 分速40mで歩く人と分速60mで歩く人が，それぞれA，B両地点から向かい合って同時に出発すると15分後に出会います。AB間の道のりは何mですか。

答　　　　　m

(2) 家から駅では2400mあります。兄は家から駅へ分速90mで，弟は駅から家へ分速70mで同時に歩き始めると，2人は何分後に出会いますか。

答　　　　　分後

(3) A君が分速48mで出発した5分後に，B君が分速60mで追いかけます。B君がA君に追いつくのは，B君が出発してから何分後ですか。

答　　　　　分後

(4) 1周960mの池のまわりを，A君は分速50m，B君が分速70mで，同じ地点から同時に反対方向にまわりました。2人がはじめて出会うのは何分後ですか。

答　　　　　分後

答え☞116ページ

まとめ

速さの問題だよ。
旅人算と呼ばれる領域(りょういき)で，速さの問題では重要な問題の1つなんだ。

かくにんテスト (第36～39回)

月　日(　時　分～　時　分)

なまえ

点 / 100点

1 次の問いに答えましょう。

▶2問×12点【計24点】

(1) はじめ，兄と弟の持っているお金の比は7：3でしたが，2人とも400円を使ったので，兄と弟の持っているお金の比は4：1になりました。はじめ，弟が持っていたお金は何円ですか。

答　　　円

(2) はじめ，兄と弟の持っているお金の比は2：1でしたが，兄が弟に600円をあげたので，兄と弟の持っているお金の比は4：5になりました。はじめ，兄が持っていたお金は何円ですか。

答　　　円

2 次の問いに答えましょう。

▶2問×13点【計26点】

(1) 家から駅まで5600 mあります。兄は家から駅へ時速4kmで，弟は駅から家へ時速3kmで同時に歩き始めると，2人は何分後に出会いますか。

答　　　分後

(2) A君は分速60 mで出発した10分後に，B君が分速70 mで追いかけます。B君がA君に追いつくのは，B君が出発してから何分後ですか。

答　　　分後

3 次の問いに答えましょう。

▶ 5問×10点【計50点】

(1) 270gの水に30gの食塩をとかしてできる食塩水の濃さは何％ですか。

答 ％

(2) 14％の食塩水250gにとけこんでいる食塩の重さは何gですか。

答 g

(3) 12％の食塩水300gに水200gを加えると，食塩水の濃さは何％になりますか。

答 ％

(4) 12％の食塩水300gに30gの食塩をとかしてできる食塩水の濃さは何％ですか。

答 ％

(5) 5％の食塩水300gに15％の食塩水200gをとかしてできる食塩水の濃さは何％ですか。

答 ％

答え☞116ページ

まとめ

いろいろな文章題のかくにんテストだ！
中学入試を考えている人は，確実に解けるようにしておこう！

6年生のまとめ (1)

(　月　日(　時　分～　時　分)
なまえ

点 / 100点

1 次の問いに答えましょう。 ▶ 4問×10点【計40点】

(1) 1mの値段(ねだん)が240円のテープがあります。このテープ$\frac{2}{5}$mの値段は何円ですか。

答　　　円

(2) 1Lで$\frac{3}{4}$m^{2}ぬることができるペンキがあります。$\frac{5}{6}$Lでは何m^{2}ぬることができますか。

答　　　m^2

(3) $\frac{2}{3}$mの重さが$1\frac{1}{9}$kgの棒(ぼう)があります。この棒1mの重さは何kgですか。

答　　　kg

(4) $1\frac{1}{5}$mの値段が600円のロープがあります。このロープ1mの値段は何円ですか。

答　　　円

2 次の問いに答えましょう。　▶2問×15点【計30点】

(1)　36.6 mのリボンから$3\frac{2}{5}$ mのリボンを9本切り取ると，残りは何mですか。

答　　　　m

(2)　1.8 mで450円のテープがあります。このテープ1 mの値段は何円ですか。

答　　　　円

▶▶一歩先を行く問題

3 次の問いに答えましょう。　▶2問×15点【計30点】

(1)　20分は何時間ですか。

答　　　　時間

(2)　2時間30分で12個のケーキを作る機械があります。5時間では何個作れますか。

答　　　　個

答え☞116ページ

まとめ

分数のかけ算，わり算のまとめ問題だよ。
分数のわり算は割合でも使うのでとっても重要だ！

6年生のまとめ (2)

月　日（　時　分～　時　分）

なまえ

点
100点

1 次の問いに答えましょう。 ▶6問×6点【計36点】

次の比を簡単（かんたん）にしましょう。

(1) 25：30

答

(2) 10：8

答

(3) 15：18

答

(4) 12：9

答

(5) 24：28：16

答

(6) 18：36：54

答

2 次の問いに答えましょう。 ▶4問×5点【計20点】

□にあてはまる数を求めましょう。

(1) 21：14＝3：□

答

(2) 18：27＝□：3

答

(3) 2：5＝16：□

答

(4) 10：7＝□：28

答

3 次の問いに答えましょう。

▶ 2問×10点【計20点】

(1) 兄は84個，弟は60個のビー玉を持っています。兄と弟の持っているビー玉の比を簡単な整数の比で表しましょう。

答 ＿＿＿＿＿＿

(2) あるクラスの男子と女子の人数の比は7:6です。男子が14人とすると，女子は何人ですか。

答 ＿＿＿＿＿＿人

▶▶ 一歩先を行く問題

4 次の問いに答えましょう。

▶ 3問×8点【計24点】

(1) おはじきが169個あります。このおはじきを姉と妹で7:6の割合(わりあい)で分けます。姉は何個になりますか。

答 ＿＿＿＿＿＿個

(2) ビー玉が168個あります。このビー玉をA，B，Cの3人で4:3:1の割合で分けます。Bは何個になりますか。

答 ＿＿＿＿＿＿個

(3) 6150円を，A，B，Cの3人で分けます。AとBは3:2，BとCは4:5になるようにします。Aは何円もらえますか。

答 ＿＿＿＿＿＿円

答え☞117ページ

比のまとめ問題だよ。
比はいろいろな分野で使われるから，使いこなせるようにしておこう！

６年生のまとめ (3)

月　日（　時　分～　時　分）
なまえ
点 / 100点

1 次の問いに答えましょう。　▶５問×10点【計50点】

(1) 150ページある本を，90ページまで読みました。残っているページ数は全体の何分のいくつですか。

答 ＿＿＿＿

(2) 持っていた3600円の $\frac{1}{6}$ でお弁当を買いました。お弁当は何円ですか。

答 ＿＿＿＿ 円

(3) リボン全体の $\frac{3}{5}$ にあたる90cmを使いました。はじめのリボンの長さは何cmですか。

答 ＿＿＿＿ cm

(4) けいこさんの年令は母の年令の $\frac{3}{8}$ で，12才です。母の年令は何才ですか。

答 ＿＿＿＿ 才

(5) 容器に入っていた油の $\frac{1}{6}$ を使ったところ15dLが残りました。はじめに容器に入っていた油は何dLですか。

答 ＿＿＿＿ dL

2 次の問いに答えましょう。

▶ 3問×10点【計30点】

右の表は，高さが10cmの三角形の，底辺xと面積yの関係を表したものです。

底辺x	1	2	3	…
面積y	5	10	15	…

(1) 底辺が4.5cmのとき，面積は何cm^2ですか。

答 cm^2

(2) 面積が$45cm^2$のとき，底辺は何cmですか。

答 cm

(3) yをxの式で表しましょう。

答

▶▶ 一歩先を行く問題

3 次の問いに答えましょう。

▶ 2問×10点【計20点】

次の表は，体積が$200cm^3$で高さが5cmの直方体の，底面の縦（たて）xと横yの関係を表したものです。

縦x	1	イ	5	…
横y	ア	8	ウ	…

(1) 表のア，イ，ウにあてはまる数は何ですか。

答 ア　　イ　　ウ

(2) yをxの式で表しましょう。

答

答え☞ 117ページ

割合（わりあい），比例，反比例のまとめ問題だよ。
どれも重要なものだからしっかり理解しておこう！

6年生のまとめ (4)

月 日(時 分～ 時 分)
なまえ
点
100点

1 次の問いに答えましょう。 ▶4問×10点【計40点】

(1) {0, 2, 3} の3枚のカードがあります。この3枚のカードを並べて3けたの整数を作ります。全部で何通りの整数ができますか。

答 通り

(2) {0, 1, 2} の3枚のカードがあります。このうち，2枚のカードを並べて2けたの整数を作ります。全部で何通りの整数ができますか。

答 通り

(3) {A, B, B, C, C} とかかれた5枚のカードがあります。このうち，3枚のカードを並べます。全部で何通りの並べ方がありますか。

答 通り

(4) {0, 1, 2, 3, 4} の5枚のカードがあります。このうち，3枚のカードを並べて3けたの整数を作ります。全部で何通りの整数ができますか。

答 通り

2 次の問いに答えましょう。

▶2問×15点【計30点】

{A, B, C, D, E, F} の6人でグループを作ります。

(1) 6人の中から班長(はんちょう)と副班長を1人ずつ選びます。選び方は何通りありますか。

答 ＿＿＿＿＿＿通り

(2) 6人の中から保健委員を2人選びます。選び方は何通りありますか。

答 ＿＿＿＿＿＿通り

▶▶一歩先を行く問題 

3 次の問いに答えましょう。

▶2問×15点【計30点】

{A, B, C, D, E,} の5人がいます。

(1) 5人の並び方は全部で何通りありますか。

答 ＿＿＿＿＿＿通り

(2) AとBがとなり合わない並び方は全部で何通りありますか。

答 ＿＿＿＿＿＿通り

答え☞117ページ

場合の数のまとめ問題だよ。順列か組み合わせかを考えて，樹形図(じゅけいず)，公式を使いこなすのがポイントだったね！

6年生のまとめ (5)

月　日(　時　分～　時　分)

なまえ

点 / 100点

1 次の問いに答えましょう。

▶6問×10点【計60点】

(1) 半径4cm の円の面積は何 cm^2 ですか。

答　　　　cm^2

(2) 半径7cm の半円の面積は何 cm^2 ですか。

答　　　　cm^2

(3) 半径6cm の四分円の面積は何 cm^2 ですか。

答　　　　cm^2

(4) 半径が12cm，中心角が60度のおうぎ形の面積は何 cm^2 ですか。

答　　　　cm^2

(5) 半径が9cm，中心角が30度のおうぎ形の面積は何 cm^2 ですか。

答　　　　cm^2

(6) 半径が12cm，中心角が45度のおうぎ形の面積は何 cm^2 ですか。

答　　　　cm^2

2 次の問いに答えましょう。

▶ 2問×10点【計20点】

右の図は，正方形の中に四分円を4つかいたものです。

10 cm

(1) 斜線部分のまわりの長さは何cmですか。

答　　　　　cm

(2) 斜線部分の面積は何cm^2ですか。

答　　　　　cm^2

3 次の問いに答えましょう。

▶ 2問×10点【計20点】

右の図は，正方形の中に四分円と半円を2つかいたものです。

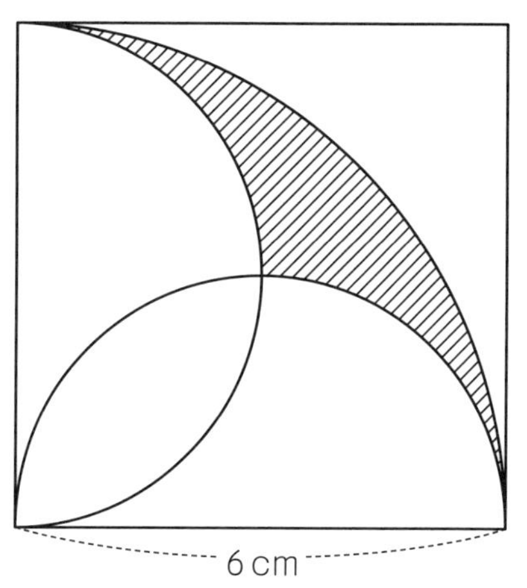

(1) 斜線部分のまわりの長さは何cmですか。

答　　　　　cm

(2) 斜線部分の面積は何cm^2ですか。

答　　　　　cm^2

答え☞118ページ

円のまとめ問題だよ。3.14で式をくくったり，
面積を移動させることで，面積を早く，正確に求めるようにしよう！

チャレンジ (1)

月　日（　時　分～　時　分）

なまえ

点 / 100点

1 次の問いに答えましょう。　▶1問×10点【計10点】

秒速12mは，時速何kmですか。　（佼成学園）

答　　km

2 次の問いに答えましょう。　▶1問×10点【計10点】

A駅からB駅までの電車賃は，きっぷで400円ですが，カードを利用すると390円になります。カードを利用すると何%引きですか。

（カリスタ女子）

答　　%

3 次の問いに答えましょう。　▶1問×20点【計20点】

Aさんは2km歩くのに30分かかり，6km走るのに36分かかります。Aさんの歩く速さと走る速さの比を最も簡単な整数の比で表しなさい。　（桜美林）

答

4 次の問いに答えましょう。

▶1問×20点【計20点】

底面の直径が28cm，高さが40cmの円柱の側面積は何cm^2ですか。

(慶應義塾湘南藤沢)

答 cm^2

5 次の問いに答えましょう。

▶1問×20点【計20点】

8%の食塩水200gと6%の食塩水600gを混ぜてできる食塩水の濃度(のうど)は何%ですか。

(国学院久我山)

答 %

6 次の問いに答えましょう。

▶1問×20点【計20点】

兄と弟の持っているえんぴつの本数の比は3:2です。兄が弟に6本あげると，その比は7:8になりました。はじめに兄が持っていたえんぴつの本数を求めなさい。

(市川)

答 本

答え☞118ページ

ここからはチャレンジ問題！中学入試から問題を選んでいるよ。
どれも今までの知識で解けるのでがんばってみてね！

チャレンジ (2)

月　日（　時　分～　時　分）

なまえ

点 / 100点

1 次の問いに答えましょう。　▶1問×10点【計10点】

52円は，650円の何%ですか。　(佼成学園)

答　　　%

2 次の問いに答えましょう。　▶1問×10点【計10点】

算数の問題集の基本問題，応用問題，発展(はってん)問題の割合(わりあい)は3：2：1です。基本問題の$\frac{2}{3}$を解いたところ，残りの基本問題は30問でした。この問題集の問題数は全部で何問ですか。　(大宮開成)

答　　　問

3 次の問いに答えましょう。　▶1問×20点【計20点】

4%の食塩水300gに8%の食塩水500gを混ぜ合わせると何%の食塩水ができますか。　(成城学園)

答　　　%

4 次の問いに答えましょう。

▶1問×20点【計20点】

1，1，2，3の4枚（まい）のカードで3けたの整数を作るとき，全部で何通りありますか。

（城西川越）

答　　　　通り

5 次の問いに答えましょう。

▶1問×20点【計20点】

200以上450以下の整数の中に，15の倍数は何個ありますか。

（江戸川女子）

答　　　　個

6 次の問いに答えましょう。

▶1問×20点【計20点】

あるサッカークラブには，4年生，5年生，6年生の選手が在籍（ざいせき）しています。4年生，5年生，6年生の人数の比は2：3：5で，在籍している選手の総数は60人です。このとき，5年生の人数を求めなさい。

（自修館）

答　　　　人

答え☞118ページ

まとめ

6は文章が長いね。これは総数を比の割合で分ける問題だよ！

チャレンジ (3)

月　日（　時　分～　時　分）
なまえ
点 / 100点

1 次の問いに答えましょう。
▶ 1問×10点【計10点】

消費税をふくんでいない価格が12万円のパソコンに，10％の消費税を加えた価格と，8％の消費税を加えた価格の差は何円ですか。

（茗渓学園）

答　　　　円

2 次の問いに答えましょう。
▶ 1問×10点【計10点】

ある商店では，服を定価の２割(わり)引きの売値(うりね)をつけて売っています。しかし，売れ残ったので，さらに売値の２割引きの3840円で売っています。この服の定価は何円ですか。

（世田谷学園）

答　　　　円

3 次の問いに答えましょう。
▶ 1問×20点【計20点】

図のようなおうぎ形の面積が同じとき，角 x の大きさを求めなさい。

（大妻多摩）

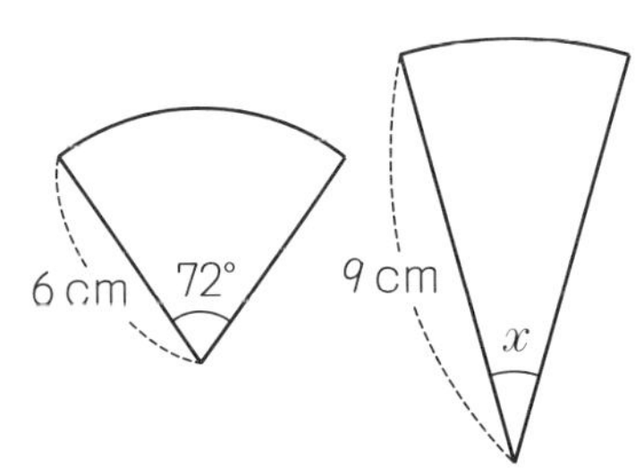

答　　　　度

4 次の問いに答えましょう。

▶1問×20点【計20点】

1から100までの整数の中で，6の倍数でも8の倍数でもある数は何個ありますか。

（北鎌倉女子学園）

答　　　　個

5 次の問いに答えましょう。

▶1問×20点【計20点】

兄と弟の持っているおこづかいの金額の比は9：7です。兄が弟に500円をあげたら，兄と弟の持っているおこづかいの金額の比は11：13となりました。はじめに弟の持っているおこづかいは何円ですか。

（法政大学第二）

答　　　　円

6 次の問いに答えましょう。

▶1問×20点【計20点】

2％の濃度（のうど）の食塩水250gに，ある濃度の食塩水150gを加えたら8％の食塩水ができました。加えた食塩水の濃度は何％ですか。

（千葉日本大学第一）

答　　　　％

答え☞119ページ

まとめ

5は比の分野ではよくある問題だよ。金額の合計は変わっていないから，比の和をそろえることで解くことができるよ！

チャレンジ(4)

月　日(　時　分～　時　分)

なまえ

点 / 100点

1 次の問いに答えましょう。

▶1問×10点【計10点】

容器にジュースが入っています。兄は全体の30%を飲み，弟は残りの$\frac{2}{7}$を飲んだところ，残ったジュースは750mLでした。兄が飲んだジュースは何mLですか。

（桐朋）

答　　　　mL

2 次の問いに答えましょう。

▶1問×10点【計10点】

平行四辺形ABCDにおいて，EはBCの中点，Fは辺AEとBDの交点です。平行四辺形ABCDの面積が24cm^{2}のとき，三角形BEFの面積は何cm^{2}ですか。

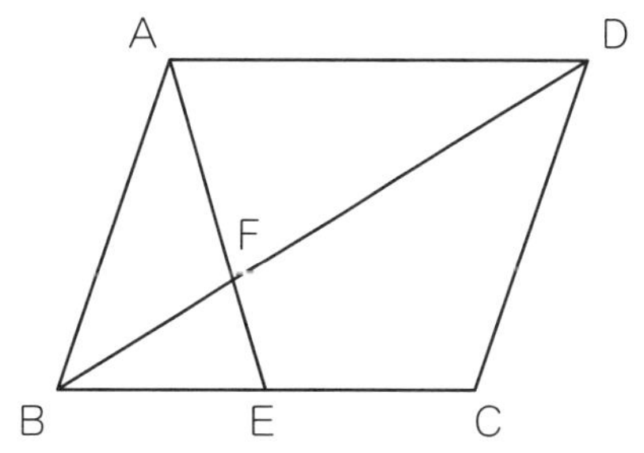

（千葉日本大学第一）

答　　　　cm^2

3 次の問いに答えましょう。

▶1問×20点【計20点】

1，3，4，5，7の5枚のカードから2枚を選んで2けたの数を作るとき，素数は何通りできますか。

（筑波大附属）

答　　　　通り

4 次の問いに答えましょう。 ▶1問×20点【計20点】

右の図の斜線(しゃせん)部分の面積は72cm^{2}です。アの長さを求めなさい。 (清泉女学院)

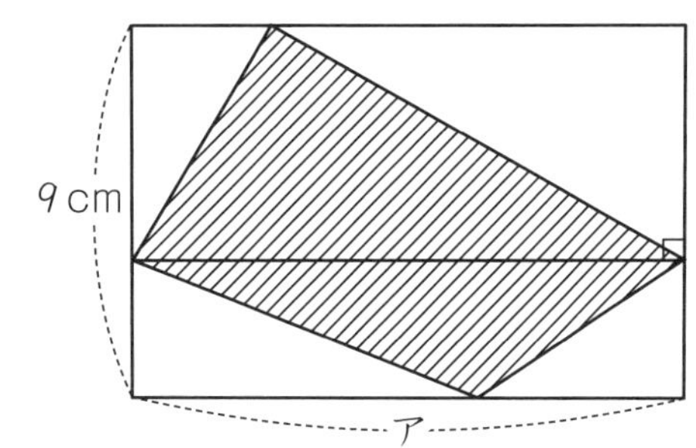

答 cm

5 次の問いに答えましょう。 ▶1問×20点【計20点】

赤球と白球がそれぞれいくつかあります。赤球と白球の個数の比は5:3で，赤球全体の$\frac{2}{3}$を取り除(のぞ)き，白球全体の□を取り除いたところ，赤球と白球の個数は等しくなりました。空らんにあてはまる数を分数で答えなさい。 (海城)

答

6 次の問いに答えましょう。 ▶1問×20点【計20点】

桜さんはシールを25枚，かな子さんはシールを17枚持っています。桜さんがかな子さんにシールを何枚かあげると，桜さんとかな子さんの持っているシールの枚数(まいすう)の比が3:4になりました。桜さんはかな子さんにシールを何枚あげましたか。 (神奈川学園)

答 枚

答え☞119ページ

2，**6**のように比を使った問題が多くみられるよ。
この機会にマスターしておこう！

チャレンジ (5)

月　日（　時　分～　時　分）

なまえ

点 / 100点

1 次の問いに答えましょう。

▶1問×10点【計10点】

ある動物園の入場料は，おとな3人と子ども5人で3300円です。おとな1人と子ども3人で1500円です。子ども1人の入場料はいくらですか。

（共立女子）

答　　　円

2 次の問いに答えましょう。

▶1問×10点【計10点】

70個のミカンを明子さん，有子さん，洋子さんの3人で分けました。明子さんと有子さんのミカンの比は2:3，有子さんと洋子さんのミカンの比は4:5であるとき，明子さんのミカンの個数は何個ですか。

（国府台女子）

答　　　個

3 次の問いに答えましょう。

▶1問×20点【計20点】

右の図は，半径3cmのおうぎ形と直角三角形を組み合わせたものです。2つの斜線部分の面積が等しいとき，アの長さを求めなさい。

（浦和明の星）

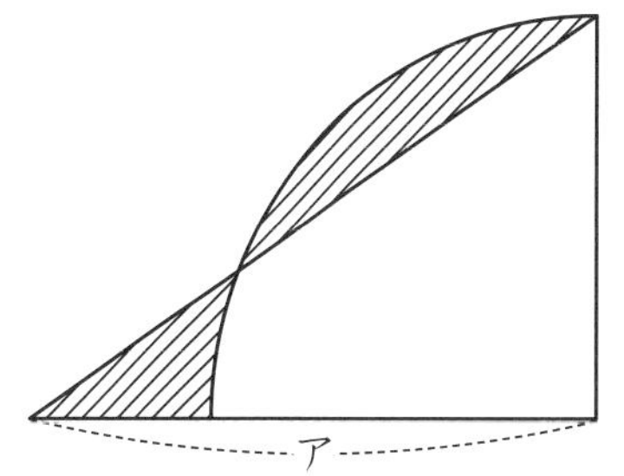

答　　　cm

4 次の問いに答えましょう。

▶1問×20点【計20点】

2つの整数A，Bがあり，Aの6割とBの$\frac{3}{8}$が等しいとき，AとBの比を最も簡単な整数の比で表しなさい。

（和洋九段女子）

答

5 次の問いに答えましょう。

▶1問×20点【計20点】

図のように，面積が18cm^{2}の平行四辺形ABCDがあります。図の斜線部分の面積の合計が6cm^{2}です。このとき，三角形ABEの面積は何cm^{2}ですか。

（春日部共栄）

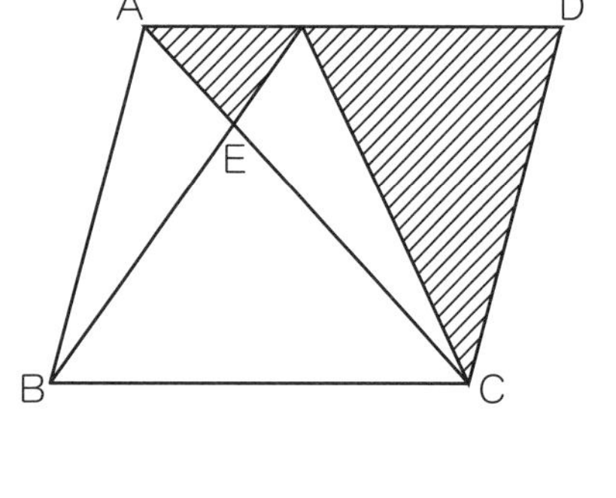

答　　　　cm^2

6 次の問いに答えましょう。

▶1問×20点【計20点】

整数Xについて，【X】は1からXまでの整数の総和を表したものとします。例えば，1＋2＋3＋4＋5＝15ですから【5】＝15となります。このとき【30】－【A】＝255となるような整数はいくつですか。

（関東学院）

答

答え☞119ページ

おつかれさま！　これで『小学6年の図形と文章題』はカンペキだね！
中学に入ってもがんばってね！

MEMO

MEMO

答え

本書の問題の答えです。まちがえた問題は，正しい答えが出るまでしっかり復習しましょう。

【保護者様へ】
学習指導のヒント・解説・注意点など

四谷大塚からの⬇アドバイス

第1回 5年生の復習（1）

●問題3ページ

1 (1) 3.08kg (2) 104.06km
(3) 14個，あまり0.7kg
(4) 68 (5) 9.2

2 (1) 6個 (2) 1，3，9 (3) 6，72

3 (1) 21人 (2) 8個

▶小数のかけ算，わり算，倍数，約数の確認(かくにん)です。小数÷小数のあまりの計算は6年生になってもできない人がいるのでしっかりできるようにしましょう。

1 (1) $1.4 \times 2.2 = 3.08$kg (2) $12.1 \times 8.6 = 104.06$km
(3) $27.3 \div 1.9 = 14$個…0.7kg
(4) $(61.8 - 0.6) \div 0.9 = 68$ (5) $2.2 \times 4 + 0.4 = 9.2$

2 (1) $20 \div 3 = 6$…2
(3) $2 \times 3 = 6$
$2 \times 3 \times 3 \times 4 = 72$

```
2 ) 18  24
3 )  9  12
     3   4
```

3 (1) 42と63の最大公約数は $7 \times 3 = 21$
(2) 3と4の最小公倍数は $3 \times 4 = 12$
$100 \div 12 = 8$…4

```
7 ) 42  63
3 )  6   9
     2   3
```

第2回 5年生の復習（2）

●問題5ページ

1 (1) $3\frac{3}{14}$kg (2) $6\frac{19}{24}$m (3) $3\frac{23}{24}$kg
(4) 38kg (5) 136.8cm

2 (1) 100円 (2) 75% (3) 2160円

3 (1) 300m (2) 分速600m

▶分数，平均，割合(わりあい)と速さの復習問題です。どれも大切な分野ですので，復習をしておいてください。

1 (1) $2\frac{6}{7} + \frac{5}{14} = 3\frac{3}{14}$kg (2) $5\frac{1}{6} + 1\frac{5}{8} = 6\frac{19}{24}$m
(3) $4\frac{7}{12} - \frac{5}{8} = 3\frac{23}{24}$kg
(4) $(37.2 \times 2 + 39.6) \div 3 = 38$kg
(5) $(136.3 \times 3 + 138.3) \div 4 = 136.8$cm

2 (1) $400 \times 0.25 = 100$円
(2) $1200 \div 1600 \times 100 = 75$%
(3) $3600 \times (1 - 0.4) = 2160$円

3 (1) $90 \times 3\frac{20}{60} = 300$m (2) $300 \div \frac{30}{60} = 600$m/分

第3回 5年生の復習（3）

●問題7ページ

1 (1) 53度 (2) 93度 (3) 54度 (4) 1260度

2 (1) 47.1cm (2) 12.56cm (3) 12cm

3 (1) 51.4cm (2) 37.68cm

▶平面図形の復習問題です。図形では定義が大切ですので確認しておきましょう。

1 (1) $360 - 114 - 121 - 72 = 53$度
(2) $360 - 105 - 72 - 90 = 93$度
(3) $360 \div 5 = 72$ $(180 - 72) \div 2 = 54$度
(4) $180 \times (9 - 2) = 1260$度

2 (1) $15 \times 3.14 = 47.1$cm (2) $8 \times 3.14 \div 2 = 12.56$cm
(3) $37.68 \div 3.14 = 12$cm

3 (1) $20 \times 3.14 \div 2 + 20 = 51.4$cm
(2) $12 \times 3.14 \div 2 + 6 \times 3.14 = 37.68$cm

第4回 5年生の復習 (4) ⬇

●問題 9 ページ

1 (1) 42cm^2　(2) 30cm^2　(3) 36cm^2
(4) 48cm^2　(5) 6.4cm　(6) 8cm

2 (1) 1331cm^3　(2) 720cm^3　(3) 960cm^3

3 (1) 192cm^3　(2) 240cm^2

▶図形の問題の復習です。平行四辺形，ひし形などの定義や条件を改めて復習しておきましょう。

1 (1) $7\times6=42\text{cm}^2$　(2) $(6+9)\times4\div2=30\text{cm}^2$
(3) $(5+7)\times6\div2=36\text{cm}^2$
(4) $12\times8\div2=48\text{cm}^2$　(5) $21\times2\div5-2=6.4\text{cm}$
(6) $24\times2\div6=8\text{cm}$

2 (1) $11\times11\times11=1331\text{cm}^3$　(2) $4\times12\times15=720\text{cm}^3$
(3) $(8\times8+8\times4)\times10=960\text{cm}^3$

3 (1) $6\times8\div2\times8=192\text{cm}^3$
(2) $6\times8\div2\times2+(6+8+10)\times8=240\text{cm}^2$

第5回 かくにんテスト（第1〜4回）⬇

●問題 11 ページ

1 (1) 1.44kg　(2) 26 個，あまり 0.3kg
(3) 12，144　(4) $3\frac{1}{24}$kg　(5) 35kg

2 (1) 1080 度　(2) 50.24cm　(3) 1440 円

3 (1) 8cm　(2) 630cm^3

▶5年生のかくにんテストです。たくさんの公式が出てきました。公式はまとめて覚えておきましょう。

1 (1) $0.6\times2.4=1.44\text{kg}$　(2) 31.5÷1.2=26 個…0.3kg
(3) $2\times2\times3=12$
$2\times2\times3\times3\times4=144$

```
2 ) 36  48
2 ) 18  24
3 )  9  12
     3   4
```

(4) $3\frac{5}{12}-\frac{3}{8}=3\frac{1}{24}\text{kg}$
(5) $(34.2\times2+36.6)\div3=35\text{kg}$

2 (1) $180\times(8-2)=1080$ 度　(2) $16\times3.14=50.24\text{cm}$
(3) $1800\times(1-0.2)=1440$ 円

3 (1) $24\times2\div6=8\text{cm}$　(2) $5\times9\times14=630\text{cm}^3$

第6回 分数 (1) ⬇

●問題 13 ページ

1 (1) $\frac{2}{5}$kg　(2) 160 円
(3) $\frac{2}{3}\text{m}^2$　(4) $6\frac{3}{4}$km

2 (1) $\frac{9}{64}\text{cm}^2$　(2) $\frac{8}{27}\text{cm}^3$

3 (1) $1\frac{3}{10}$　(2) $\frac{1}{15}$

▶分数のかけ算の問題です。まずは計算を早く，正確にできるようにしてください。

1 (1) $\frac{3}{5}\times\frac{2}{3}=\frac{2}{5}\text{kg}$　(2) $200\times\frac{4}{5}=160$ 円
(3) $\frac{4}{5}\times\frac{5}{6}=\frac{2}{3}\text{m}^2$　(4) $4\frac{1}{2}\times1\frac{1}{2}=6\frac{3}{4}\text{km}$

2 (1) $\frac{3}{8}\times\frac{3}{8}=\frac{9}{64}\text{cm}^2$　(2) $\frac{2}{3}\times\frac{2}{3}\times\frac{2}{3}=\frac{8}{27}\text{cm}^3$

3 (1) $(\frac{1}{3}+\frac{3}{4})\times1\frac{1}{5}=\frac{13}{12}\times\frac{6}{5}=1\frac{3}{10}$
(2) $\frac{2}{3}\times\frac{2}{13}+\frac{2}{5}\times\frac{1}{13}-\frac{1}{3}\times\frac{1}{5}$
$=\frac{4}{39}+\frac{2}{65}-\frac{1}{15}$
$=\frac{1}{15}$

第7回 分数 (2) ⬇

●問題 15 ページ

1 (1) 6 本　(2) 5.5kg
(3) 300 円　(4) 2m^2

2 (1) 700 円　(2) 144g

3 (1) $\frac{1}{15}$　(2) 10

▶分数のわり算の問題です。わり算の問題でも計算を早く，正確にできるようにしてください。

1 (1) $3\frac{1}{3}\div\frac{5}{9}=6$ 本　(2) $1\frac{3}{8}\div\frac{1}{4}=5.5\text{kg}$
(3) $500\div1\frac{2}{3}=300$ 円　(4) $\frac{4}{5}\div0.4=2\text{m}^2$

2 (1) $420\div1\frac{1}{5}\times2=700$ 円
(2) $210\div4\frac{3}{8}\times3=144\text{g}$

3 (1) $\frac{7}{18}\div3\frac{8}{9}-\frac{1}{30}=\frac{1}{10}-\frac{1}{30}=\frac{1}{15}$
(2) $(\frac{1}{2}-\frac{1}{3}+\frac{1}{4})\div\frac{1}{24}=\frac{5}{12}\div\frac{1}{24}=10$

第8回 分数 (3)

●問題 17 ページ

1 (1) $6\frac{1}{20}\text{cm}^2$　(2) 102cm^3

(3) $6\frac{14}{15}$m　(4) 250 円

2 (1) $\frac{71}{80}$L　(2) $4\frac{7}{9}$cm

3 (1) 1　(2) 4

▶分数のかけ算，わり算の問題です，小数がある問題では小数を分数に直してから計算をしましょう。

1 (1) $2\frac{3}{4} \times 4.4 \div 2 = 6\frac{1}{20}\text{cm}^2$

(2) $12 \times 3\frac{2}{5} \times 2.5 = 102\text{cm}^3$

(3) $25.6 - 2\frac{1}{3} \times 8 = 6\frac{14}{15}$m

(4) $400 \div 1.6 = 250$円

2 (1) $(4.8 - 1\frac{1}{4}) \div 4 = \frac{71}{80}$L

(2) $8\frac{3}{5} \times 2 \div 3.6 = 4\frac{7}{9}$cm

3 (1) $(1.6 - 1\frac{1}{4}) \div \frac{7}{20} = \frac{7}{20} \div \frac{7}{20} = 1$

(2) $(3 - \frac{2}{7} \times 1.4) \div (1\frac{1}{4} - 0.6) = \frac{13}{5} \div \frac{13}{20} = 4$

第9回 分数 (4)

●問題 19 ページ

1 (1) 45 分　(2) 100 分　(3) 0.5 時間

(4) 1.4 時間　(5) $\frac{2}{3}$分　(6) $1\frac{2}{3}$分

2 (1) 12 個　(2) 40 個

3 (1) $\frac{5}{12}$　(2) $\frac{7}{15}$，$\frac{8}{15}$，$\frac{11}{15}$

▶分数の問題です。時間の問題では 1 時間は 60 分，1 分は 60 秒であることを使います。

1 (1) $60 \times \frac{3}{4} = 45$分　(2) $60 \times 1\frac{2}{3} = 100$分

(3) $\frac{30}{60} = 0.5$時間　(4) $\frac{84}{60} = 1.4$時間

(5) $\frac{40}{60} = \frac{2}{3}$分　(6) $\frac{100}{60} = 1\frac{2}{3}$分

2 (1) $16 \div 1\frac{20}{60} = 12$個

(2) $15 \div 1\frac{30}{60} \times 4 = 40$個

3 (1) $\frac{1}{3} = \frac{4}{12} < \frac{\square}{12} < \frac{6}{12} = \frac{1}{2} \rightarrow \frac{5}{12}$

(2) $\frac{2}{5} = \frac{6}{15} < \frac{\square}{15} < \frac{12.5}{15} = \frac{5}{6} \rightarrow \frac{7}{15}, \frac{8}{15}, \frac{11}{15}$

第10回 かくにんテスト（第 6 ～ 9 回）

●問題 21 ページ

1 (1) 72 円　(2) $\frac{2}{5}\text{m}^2$　(3) $1\frac{1}{2}$kg　(4) 270 円

2 (1) 11m　(2) 320 円

3 (1) $\frac{3}{4}$時間　(2) 12 個　(3) 45 個

▶分数のかくにんテストです。分数の計算は重要ですのでしっかり復習してください。

1 (1) $120 \times \frac{3}{5} = 72$円　(2) $\frac{2}{3} \times \frac{3}{5} = \frac{2}{5}\text{m}^2$

(3) $1\frac{1}{8} \div \frac{3}{4} = 1\frac{1}{2}$kg　(4) $360 \div 1\frac{1}{3} = 270$円

2 (1) $28.6 - 2\frac{1}{5} \times 8 = 11$m　(2) $480 \div 1.5 = 320$円

3 (1) $\frac{45}{60} = \frac{3}{4}$時間　(2) $18 \div 1\frac{30}{60} = 12$個

(3) $12 \div 1\frac{20}{60} \times 5 = 45$個

第11回 比 (1)

●問題 23 ページ

1 (1) 3：2　(2) 2：3　(3) 3：4　(4) 4：5

(5) 2：1　(6) 2：3　(7) 2：3　(8) 3：2

(9) 5：3　(10) 25：36

2 (1) 2　(2) 3　(3) 12　(4) 30

3 (1) 1：6　(2) 4：3　(3) 9：10

▶比の問題です。比は多くの分野で役立ちますので，基本をしっかり理解しましょう。

1 最大公約数でわり算をします。

2 (1) $8 \div 4 = 2$　(2) $18 \div 6 = 3$

(3) $4 \times 3 = 12$　(4) $15 \times 2 = 30$

3 通分します。

第12回 比(2)

●問題 25 ページ

1 (1) 6：4：3　(2) 5：4：3　(3) 3：2：1
(4) 6：5：7　(5) 4：3：2　(6) 4：3：2

2 (1) $\frac{4}{3}$　(2) $\frac{4}{5}$　(3) $\frac{4}{5}$　(4) $\frac{1}{2}$

3 (1) 5：4　(2) 3：2　(3) 5：3　(4) 20：1

4 (1) 2：3：6　(2) 14：12：9

▶比の問題です。**1**のような3つ以上の比を連比といいます。これから使うことがありますので，練習しておきましょう。

1 最大公約数でわり算をします。

2 (1) $20 \div 15 = \frac{4}{3}$　(2) $8 \div 10 = \frac{4}{5}$
(3) $12 \div 15 = \frac{4}{5}$　(4) $12 \div 24 = \frac{1}{2}$

3 単位をそろえます。

4 (1) A：B＝2：3　B：C＝3：6
(2) A：B＝14：12　B：C＝12：9

第13回 比(3)

●問題 27 ページ

1 (1) 9：8　(2) 9：17　(3) 5：4
(4) 5：4　(5) 4：3

2 (1) 15人　(2) 33人

3 (1) 200円　(2) 700円

▶比の問題です。**3**は2人の持っているお金の和が変わらないことがポイントです。

1 (1) 18：16＝9：8　(2) 18：(18＋16)＝9：17
(3) 1500：1200＝5：4　(4) 35：28＝5：4
(5) 128：96＝4：3

2 (1) 20÷4×3＝15人　(2) 18÷6×(5＋6)＝33人

3 (1) (1200＋800)÷(1＋1)＝1000
1200－1000＝200円
(2) (1200＋800)÷(1＋3)＝500
1200－500＝700円

第14回 比(4)

●問題 29 ページ

1 (1) 900円　(2) 900円　(3) 70個
(4) 40個　(5) 1500円

2 (1) 5：4：6　(2) 1600円

3 (1) 1125円　(2) 375円

3

兄　⑨　500円　[5]

弟　⑦　500円　[3]　②　[2]

▶比の問題です。比の文章題は，倍数算などいろいろな分野に多く使われます。練習しておきましょう。

1 (1) 1500÷(3＋2)×3＝900円
(2) 2400÷(5＋3)×3＝900円
(3) 100÷(7＋3)×7＝70個
(4) 120÷(3＋2＋1)×2＝40個
(5) 3600÷(5＋4＋3)×5＝1500円

2 (1) A：B＝5：4　B：C＝4：6
A：B：C＝5：4：6
(2) 4800÷(5＋4＋6)×5＝1600円

3 左の図では，黒線が兄と弟それぞれの所持金を表し，赤線が2人の所持金の差を表しています。500円出しても2人の所持金の差は変化しないので，②＝[2]となり，○と□の中の数字が同じとき，同じ金額を表すことがわかります。
よって，500円＝⑨－[5]＝⑨－⑤＝④
(1) 500÷(9－5)×9＝④÷4×9＝①×9＝1125円
(2) 500÷(7－3)×3＝④÷4×3＝①×3＝375円

第15回 かくにんテスト（第11～14回）

●問題 31 ページ

1 (1) 6：7　(2) 3：2　(3) 8：9
(4) 5：1　(5) 5：6：3　(6) 2：4：3

2 (1) 2　(2) 9　(3) 24　(4) 36

3 (1) 4：3　(2) 24 人

4 (1) 84 個　(2) 60 個　(3) 2380 円

▶比の問題です。比はいろんな問題に使われるうえに，中学や高校でも役立ちます。しっかり復習しておきましょう。

1 最大公約数でわり算をします。

2 (1) $6 \div 3 = 2$　(2) $18 \div 2 = 9$
(3) $4 \times 6 = 24$　(4) $12 \times 3 = 36$

3 (1) $96 : 72 = 4 : 3$　(2) $20 \div 5 \times 6 = 24$ 人

4 (1) $144 \div (7 + 5) \times 7 = 84$ 個
(2) $180 \div (5 + 4 + 3) \times 4 = 60$ 個
(3) B：C＝4：10 → A：B：C＝7：4：10
$7140 \div (7 + 4 + 10) \times 7 = 2380$ 円

第16回 割合（1）

●問題 33 ページ

1 (1) 0.6 倍　(2) $\frac{2}{5}$　(3) 400 円
(4) 1080 円　(5) 40 才

2 (1) 27kg　(2) 450g

3 (1) 450 円　(2) 105cm

▶割合（わりあい）の問題です。割合の 3 用法を分数を使って解く問題です。式の意味を理解して解けるようにしましょう。

1 (1) $18 \div (12 + 18) = 0.6$ 倍　(2) $(150 - 90) \div 150 = \frac{2}{5}$
(3) $2000 \times \frac{1}{5} = 400$ 円　(4) $1800 \times \frac{3}{5} = 1080$ 円
(5) $12 \times 3\frac{1}{3} = 40$ 才

2 (1) $72 \times \frac{3}{8} = 27$kg　(2) $630 \times (1 - \frac{2}{7}) = 450$g

3 (1) $300 \div (1 - \frac{1}{3}) = 450$ 円
(2) $42 \div (1 - \frac{3}{5}) = 105$cm

第17回 割合（2）

●問題 35 ページ

1 (1) 120cm　(2) 42 才　(3) 10dL
(4) 56kg　(5) 1350 円

2 (1) 156mL　(2) 140cm

3 (1) 2400 円　(2) 150 円

▶割合の問題です。割合の 3 用法の 1 つで，相当算という大変重要な分野です。

1 (1) $30 \div \frac{1}{4} = 120$cm　(2) $12 \div \frac{2}{7} = 42$ 才
(3) $6 \div (1 - \frac{2}{5}) = 10$dL　(4) $32 \div \frac{4}{7} = 56$kg
(5) $630 \div \frac{7}{15} = 1350$ 円

2 (1) $72 \div \frac{6}{13} = 156$mL　(2) $120 \div (1 - \frac{1}{7}) = 140$cm

3 (1) $1500 \div (1 - \frac{3}{8}) = 2400$ 円
(2) $(2400 - 1500) \div 6 = 150$ 円

第18回 比例と反比例（1）

●問題 37 ページ

1 (1) 9cm　(2) 10 分後

2 (1) ア 3　イ 25　ウ 9
(2) 12.5km　(3) 3.6 時間

3 (1) 13.8cm²　(2) 12cm　(3) $y = 3 \times x$

4 (1) $y = 4 \times x$　(2) $y = 2 \times x$

▶比例の問題です。比例は $y = a \times x$ で表せるもので，グラフで表すと直線になります。

1 (1) $3 \times 3 = 9$cm　(2) $30 \div 3 = 10$ 分後

2 (1) ア $15 \div 5 = 3$　イ $5 \times 5 = 25$　ウ $45 \div 5 = 9$
(2) $5 \times 2.5 = 12.5$km　(3) $18 \div 5 = 3.6$ 時間

3 (1) $6 \times 4.6 \div 2 = 13.8\text{cm}^2$
(2) $36 \times 2 \div 6 = 12$cm

第19回 比例と反比例（2）

●問題 39 ページ

1 (1) ア 20　イ 6　(2) $3\frac{1}{3}$ cm　(3) 2.5cm

2 (1) ア 40　イ 4　ウ 5　(2) $y = 40 \div x$

3 (1) ○　(2) ×　(3) △　(4) ○　(5) △

4

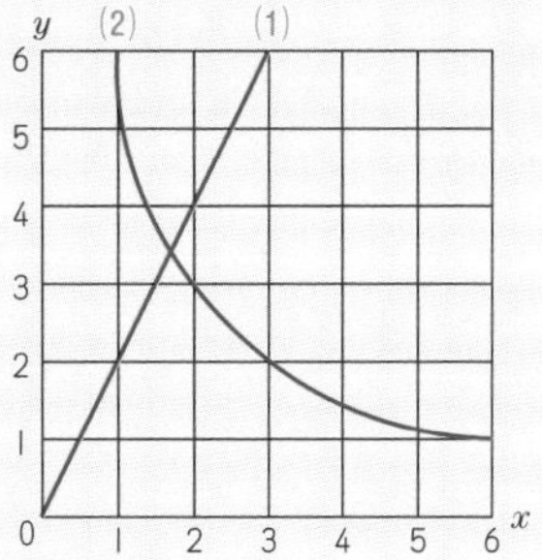

y, x, (2), (1), 0, 1, 2, 3, 4, 5, 6

▶反比例の問題です。反比例は $y = a \div x$ ($x \times y = a$) で表せるものです。

1 (1) ア $30 \times 2 = 60$　$60 \div 3 = 20$
イ $60 \div 10 = 6$
(2) $60 \div 18 = 3\frac{1}{3}$ cm
(3) $60 \div 24 = 2.5$cm

2 (1) ア $200 \div 5 = 40$　$40 \div 1 = 40$
イ $40 \div 10 = 4$　ウ $40 \div 8 = 5$
(2) $y = 40 \div x$

3 $y = a \times x$ となるものは比例，$y = a \div x$ となるものは反比例となります。

第20回 かくにんテスト（第16～19回）

●問題 41 ページ

1 (1) $\frac{1}{3}$　(2) 600 円　(3) 80cm
(4) 45 才　(5) 22.5dL

2 (1) 18.4cm^2　(2) 9cm　(3) $y = 4 \times x$

3 (1) ア 48　イ 4　ウ 6　(2) $y = 48 \div x$

▶割合，比例，反比例のかくにんテストです。比例，反比例の問題では，小さな数をあてはめることで，x と y がどのような関係にあるのかを考えることが有効です。

1 (1) $(120 - 80) \div 120 = \frac{1}{3}$　(2) $2400 \times \frac{1}{4} = 600$ 円
(3) $60 \div \frac{3}{4} = 80$cm　(4) $10 \div \frac{2}{9} = 45$ 才
(5) $9 \div (1 - \frac{3}{5}) = 22.5$dL

2 (1) $4.6 \times 8 \div 2 = 18.4cm^2$　(2) $36 \times 2 \div 8 = 9$cm

3 (1) ア $240 \div 5 = 48$　$48 \div 1 = 48$
イ $48 \div 12 = 4$　ウ $48 \div 8 = 6$

第21回 場合の数（1）

●問題 43 ページ

1 (1) 531　(2) 204
(3) 4 通り　(4) 6 通り

2 (1) 3 通り　(2) 211

3 (1) 120　(2) 302

▶場合の数の問題です。場合の数の基本は樹形図（じゅけいず）などの図を用いて，もれなく，重なりなく数えることです。

1 (3) 10，12，20，21　(4) 12，13，21，23，31，32

2 (1) AA，AB，BA
(2) 112，113，121，123，131，132，211

3 (1) 102，103，120
(2) 321，320，312，310，302

第22回 場合の数（2）

●問題 45 ページ

1 (1) 4通り　(2) 12通り　(3) 18通り　(4) 9通り

2 (1) 5通り　(2) 10通り

3 (1) 3通り　(2) 5通り

(1)

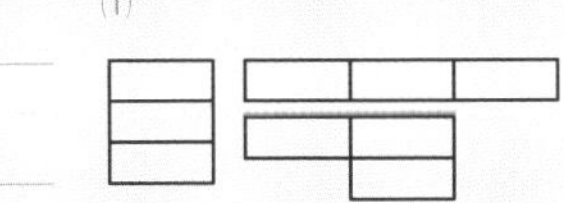

(2)

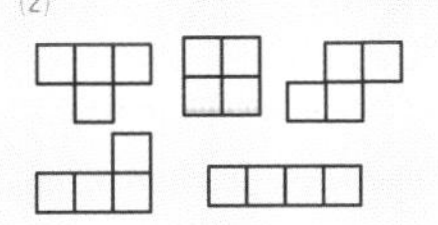

▶場合の数の問題です。場合の数は，順列と組み合わせがあります。ここでは順列を学習します。

1 (1) 2 × 2 = 4通り

(2) AAB，AACで3通りずつ，ABCで6通り
3 × 2 + 6 = 12通り

(3) 3 × 3 × 2 = 18通り

(4) 百の位が3のとき左下の図のような3通りで，
百の位が1のとき右下の図のような
3×2=6通り　　3 + 6 = 9通り

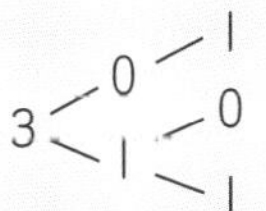

2 (1) 10，11，12，20，21

(2) 10，12，13，20，21，23，30，31，32，33

第23回 場合の数（3）

●問題 47 ページ

1 (1) 6通り　(2) 12通り　(3) 24通り　(4) 20通り

2 (1) 10通り　(2) 12通り

3 (1) 24通り　(2) 12通り

▶場合の数の順列の問題です。n個から2個を並べる場合，$n \times (n-1)$通り，n個から3個を並べる場合，$n \times (n-1) \times (n-2)$通りとなります。

1 (1) 3 × 2 = 6通り　(2) 4 × 3 = 12通り

(3) 4 × 3 × 2 = 24通り　(4) 5 × 4 = 20通り

2 (1) 一の位が0のとき，3 × 2 = 6通り
一の位が2のとき，2 × 2 = 4通り
6 + 4 = 10通り

(2) 一の位が奇数（きすう）となるのは，1，3，5の3通りで，そのおのおのに対して十の位は4通りずつあるから
3 × 4 = 12通り

3 (1) 4 × 3 × 2 × 1 = 24通り

(2) C，D，E 3人の並び方は，3 × 2 × 1 = 6通りで，そのおのおのに対してA，Bがどちらのはしに並ぶかの2通りがあるから
6 × 2 = 12通り

第24回 場合の数（4）

●問題 49 ページ

1 (1) 3通り　(2) 10通り　(3) 6通り　(4) 10通り　(5) 595通り

2 (1) 3通り　(2) 4通り

3 (1) 5通り　(2) 4通り

▶場合の数の組み合わせの問題です。n個から2個を選ぶ場合，$n \times (n-1) \div 2$通り，n個から3個を選ぶ場合，$n \times (n-1) \times (n-2) \div 6$通りとなります。

1 (1) 赤黄，赤青，黄青　(2) 5 × 4 ÷ 2 = 10通り

(3) 4 × 3 ÷ 2 = 6通り　(4) 5 × 4 × 3 ÷ 6 = 10通り

(5) 35 × 34 ÷ 2 = 595通り

2 (1) リリ，リミ，ミミ

(2) リリ，リミ，リカ，ミカ

3 （大きいさいころの目，小さいさいころの目）

(1) (1，5)，(2，4)，(3，3)，(4，2)，(5，1)

(2) (1，6)，(2，3)，(3，2)，(6，1)

第25回 かくにんテスト（第21～24回）

●問題 51 ページ

1 (1) 130　(2) 4 通り　(3) 3 通り　(4) 203

2 (1) 12 通り　(2) 60 通り

3 (1) 10 通り　(2) 496 通り

▶場合の数のかくにんテストです。順列か組み合わせかを考えて，樹形図（じゅけいず），公式を適切に使いましょう。

1 (1) 小さい順に，103，130，301，310 となります。
(2) $2 \times 2 = 4$ 通り　(3) ABB，ABC，BBC
(4) 102，103，120，123，130，132，201，203

2 (1) $4 \times 3 = 12$ 通り　(2) $5 \times 4 \times 3 = 60$ 通り

3 (1) $5 \times 4 \div 2 = 10$ 通り　(2) $32 \times 31 \div 2 = 496$ 通り

第26回 円（1）

●問題 53 ページ

1 (1) 200.96 cm^2　(2) 78.5 cm^2　(3) 78.5 cm^2
(4) 153.86 cm^2　(5) 25.12 cm^2　(6) 157 cm^2

2 (1) 50.24 cm^2　(2) 113.04 cm^2

3 (1) 2 cm　(2) 10 cm　(3) 3 cm

▶円の問題です。円の面積は，半径×半径×円周率，円周は，直径×円周率で求まります。

1 (1) $8 \times 8 \times 3.14 = 200.96$ cm^2　(2) $5 \times 5 \times 3.14 = 78.5$ cm^2
(3) $5 \times 5 \times 3.14 = 78.5$ cm^2　(4) $7 \times 7 \times 3.14 = 153.86$ cm^2
(5) $4 \times 4 \times 3.14 \div 2 = 25.12$ cm^2
(6) $10 \times 10 \times 3.14 \div 2 = 157$ cm^2

2 (1) $8 \times 8 \times 3.14 \div 4 = 50.24$ cm^2
(2) $12 \times 12 \times 3.14 \div 4 = 113.04$ cm^2

3 (1) $12.56 \div 3.14 \div 2 = 2$ cm
(2) $314 \div 3.14 = 100 \rightarrow 10$ cm
(3) $28.26 \div 3.14 = 9 \rightarrow 3$ cm

第27回 円（2）

●問題 55 ページ

1 (1) 50.24 cm^2　(2) 50.24 cm

2 (1) 13.76 cm^2　(2) 28.56 cm

3 (1) 18.84 cm^2　(2) 31.4 cm

4 (1) 33.12 cm　(2) 25.12 cm^2

▶円の問題です。円の複合図形の問題は，$\bigcirc \times 3.14 + \square \times 3.14 = (\bigcirc + \square) \times 3.14$ のように，分配法則を使います。

1 (1) $5 \times 5 \times 3.14 - 3 \times 3 \times 3.14 = 50.24$ cm^2
(2) $10 \times 3.14 + 6 \times 3.14 = 50.24$ cm

2 (1) $8 \times 8 - 8 \times 8 \times 3.14 \div 4 = 13.76$ cm^2
(2) $8 \times 2 + 16 \times 3.14 \div 4 = 28.56$ cm

3 (1) $5 \times 5 \times 3.14 \div 2 - 3 \times 3 \times 3.14 \div 2 - 2 \times 2 \times 3.14 \div 2$
$= (25 - 9 - 4) \times 3.14 \div 2$
$= 18.84$ cm^2
(2) $10 \times 3.14 \div 2 + 6 \times 3.14 \div 2 + 4 \times 3.14 \div 2$
$= (10 + 6 + 4) \times 3.14 \div 2$
$= 31.4$ cm

4 (1) $8 \times 3.14 \div 2 + 16 \times 3.14 \div 4 + 8 = 33.12$ cm
(2) $8 \times 8 \times 3.14 \div 4 - 4 \times 4 \times 3.14 \div 2 = 25.12$ cm^2

第28回 円（3）

●問題 57 ページ

1 (1) 6.28 cm^2　(2) 12.56 cm^2　(3) 4.71 cm^2
(4) 9.42 cm^2　(5) 25.12 cm^2　(6) 75.36 cm^2

2 (1) 15.48 cm^2　(2) 33.42 cm

3 (1) 47.1 cm^2　(2) 37.4 cm

▶円の問題です。おうぎ形円の問題では，60 度は $\frac{1}{6}$，45 度は $\frac{1}{8}$，30 度は $\frac{1}{12}$ と覚えておきましょう。

1 (1) $2 \times 2 \times 3.14 \div 2 = 6.28$ cm^2
(2) $4 \times 4 \times 3.14 \div 4 = 12.56$ cm^2
(3) $3 \times 3 \times 3.14 \div 6 = 4.71$ cm^2
(4) $6 \times 6 \times 3.14 \div 12 = 9.42$ cm^2
(5) $8 \times 8 \times 3.14 \div 8 = 25.12$ cm^2
(6) $8 \times 8 \times 3.14 \div 8 \times 3 = 75.36$ cm^2

2 (1) $12 \times 12 \div 2 - 12 \times 12 \times 3.14 \div 8 = 15.48$ cm^2
(2) $24 \times 3.14 \div 8 + 12 \times 2 = 33.42$ cm

3 (1) $9 \times 9 \times 3.14 \div 3 - 6 \times 6 \times 3.14 \div 3 = 47.1$ cm^2
(2) $18 \times 3.14 \div 3 + 12 \times 3.14 \div 3 + 3 \times 2 = 37.4$ cm

第29回 円 (4)

●問題 59 ページ

1 $18cm^2$

2 $25.12cm^2$

3 $16cm^2$

4 (1) 15.42cm　(2) $9cm^2$

5 (1) 21.42cm　(2) $4.71cm^2$

▶円の問題です。面積を移動させることで，面積が簡単に求められます。

1 $6 \times 6 \div 2 = 18cm^2$

2 $4 \times 4 \times 3.14 \div 2 = 25.12cm^2$

3 $8 \times 8 \div 2 \div 2 = 16cm^2$

4 (1) $6 + 6 \times 3.14 \div 2 = 15.42cm$

(2) $6 \times 6 \div 4 = 9cm^2$

5 (1) $6 \times 2 + 6 \times 3.14 \div 2 = 21.42cm$

(2) $3 \times 3 \times 3.14 \div 6 = 4.71cm^2$

1
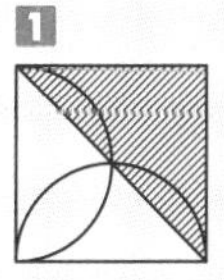
2
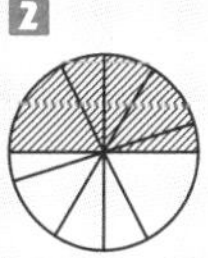
3
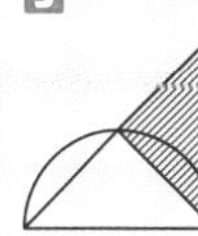
4
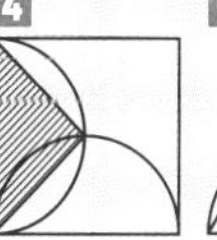
5
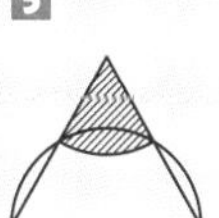

第30回 かくにんテスト (第 26 ～ 29 回)

●問題 61 ページ

1 (1) $78.5cm^2$　(2) $56.52cm^2$

(3) $12.56cm^2$　(4) $18.84cm^2$

(5) $37.68cm^2$　(6) $25.12cm^2$

2 $7.125cm^2$

3 (1) $51.48cm^2$　(2) 42.84cm

▶円の復習テストです。分配法則を使ったり，面積を移動させることで，面積を早く正確に求めるようにしましょう。

1 (1) $5 \times 5 \times 3.14 = 78.5cm^2$

(2) $6 \times 6 \times 3.14 \div 2 = 56.52cm^2$

(3) $4 \times 4 \times 3.14 \div 4 = 12.56cm^2$

(4) $6 \times 6 \times 3.14 \div 6 = 18.84cm^2$

(5) $12 \times 12 \times 3.14 \div 12 = 37.68cm^2$

(6) $8 \times 8 \times 3.14 \div 8 = 25.12cm^2$

2 $5 \times 5 \times 3.14 \div 4 - 5 \times 5 \div 2$
$= 7.125cm^2$

3 (1) $(6 \times 6 - 6 \times 6 \times 3.14 \div 4) \times 2$
$+ 6 \times 6 = 51.48cm^2$

(2) $(12 \times 3.14 \div 4) \times 2 + 12 \times 2$
$= 42.84cm$

2
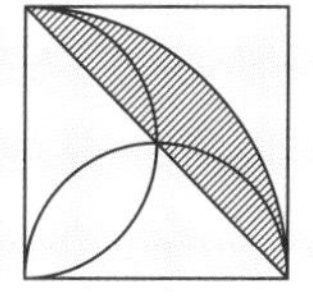

3
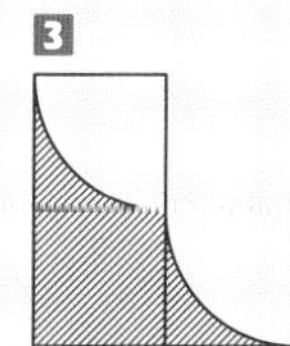

第31回 拡大図と縮図 (1)

●問題 63 ページ

1

	線対称	対称の軸の数	点対称
正三角形	○	3	×
正方形	○	4	○
正五角形	○	5	×
正六角形	○	6	○
正八角形	○	8	○

2 (1) 2倍　(2) 6cm　(3) 60度

3 (1) 300m　(2) 4000m　(3) $48000m^2$

4 (1) 2.5倍　(2) $37.5cm^2$

▶拡大図(かくだいず)と縮図(しゅくず)の問題では，対応する辺や頂点(ちょうてん)を見つけることがポイントです。

2 (1) $12 \div 6 = 2$倍　(2) $3 \times 2 = 6cm$

(3) $180 - (90 + 30) = 60$度

3 (1) $6 \times 5000 \div 100 = 300m$

(2) $8 \times 50000 \div 100 = 4000m$

(3) $30 \times 4000 \times 4000 \div 100 \div 100 = 48000m^2$

4 (1) $10 \div 4 = 2.5$倍

(2) $(3 \times 2.5) \times 10 \div 2 = 37.5cm^2$

第32回 拡大図と縮図 (2)

●問題 65 ページ

1 (1) 7.5cm (2) 12.5cm

2 (1) 7：4 (2) 3cm

3 (1) 4cm (2) 5：3

4 (1) 0.3 (2) 3：7

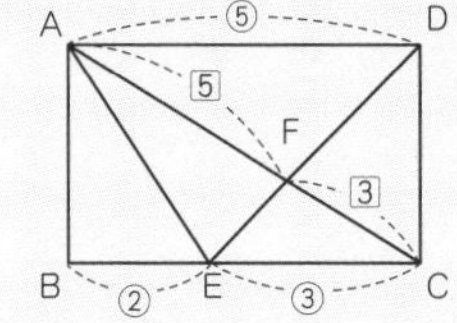

▶拡大図と縮図の問題です。同じ形の図形を見つけるには平行線に注目することがポイントです。

1 三角形ABCは三角形AEDを10÷4＝2.5倍したものだから

(1) 3×2.5＝7.5cm (2) 5×2.5＝12.5cm

2 (2) AB＝7cm 7−4＝3cm

3 (1) 10÷(2＋3)×2＝4cm

(2) AD＝BC AD：BE：EC＝5：2：3

三角形AFDは三角形CFEを$\frac{5}{3}$倍拡大したものだから

AF：FC＝5：3

4 (1) 三角形DBE:三角形ADE:三角形AEC＝3：3：4

3÷(3＋3＋4)＝0.3

(2) 3：(3＋4)＝3：7

第33回 平面図形 (1)

●問題 67 ページ

1 (1) 20度 (2) 35度

2 (1) 38度 (2) 64度

3 (1) 76度 (2) 44度

4 (1) 60度 (2) 40度

▶図形の折り返しの問題です。折り返した角度が同じ大きさなのがポイントです。また，図形の特徴からわかる角度を見落とさないようにしましょう。

1 (1) 90−35×2＝20度

(2) 180−90−(20＋35)＝35度

2 (1) 90−26×2＝38度

(2) 180−90−26＝64度

3 (1) 180−52×2＝76度

(2) 180−60−52＝68度　180−68×2＝44度

4 (1) 正三角形より60度

(2) 110−60＝50度　(180−50×2)÷2＝40度

第34回 平面図形 (2)

●問題 69 ページ

1 (1) 25.12cm (2) 100.48cm²

2 (1) 12.56cm (2) 22.74cm²

3 (1) 52.56cm (2) 210.24cm²

4 (1) 18.84cm

(2) 51.25cm²

▶図形の移動の問題です。図形の問題では，どの点が中心になるのかを確認するのがポイントです。

1 (1) 8×3.14＝25.12cm

(2) 6×6×3.14−2×2×3.14＝100.48cm²

2 (1) (6×3.14÷3)×2＝12.56cm

(2) (3×3×3.14÷3)×2＋3.9＝22.74cm²

3 (1) 4×3.14＋10×4＝52.56cm

(2) 4×4×3.14＋(10×4)×4＝210.24cm²

4 (1) 8×3.14÷4＋10×3.14÷4＋6×3.14÷4
＝18.84cm

(2) 4×4×3.14÷4＋5×5×3.14÷4＋3×3×3.14÷4＋3×4＝51.25cm²

2

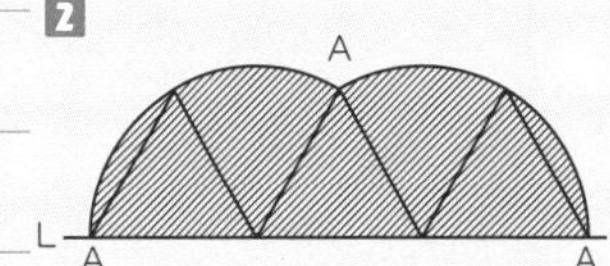

3

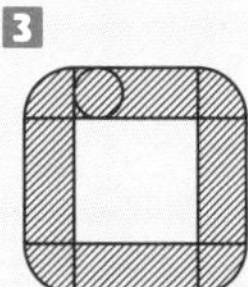

4

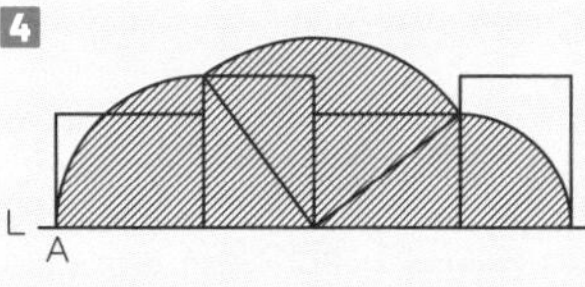

かくにんテスト（第 31 ～ 34 回） 

●問題 71 ページ

1 (1) 500 m　(2) 2000 m　(3) 89600 m²

2 (1) 22 度　(2) 68 度

3 (1) 12 cm　(2) 7 : 4

(3) $93\frac{6}{11}$ cm²

4 (1) 74.84 cm

(2) 449.04 cm²

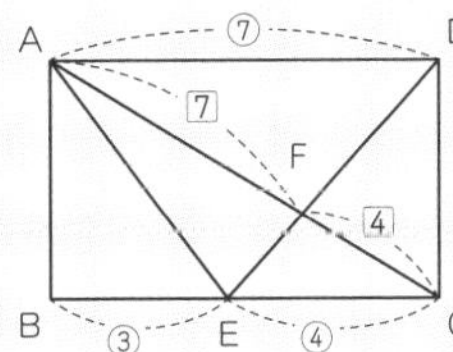

▶拡大図と縮図，平面図形のかくにんテストです。この単元は教科書ではあまりあつかわれませんが，重要なのでしっかり理解しておきましょう。

1 (1) 10×5000÷100=500 m
(2) 4×50000÷100=2000 m
(3) 7×8×4000×4000÷100÷100=89600 m²

2 (1) (90−46)÷2=22 度　(2) 180−90−22=68 度

3 (1) 21 ÷ (3 + 4) × 4 = 12 cm
(2) 三角形AFDは三角形CFEを$\frac{7}{4}$倍拡大したものだから
AF : FC = (3 + 4) : 4 = 7 : 4
(3) 三角形 ADC の面積は 21 × 14 ÷ 2 = 147 cm²
AF : FC = 7 : 4 だから
三角形 AFD の面積 : 三角形 DFC の面積 = 7 : 4
147 ÷ (7 + 4) × 7 = $93\frac{6}{11}$ cm²

4 (1) 6 × 3.14 + 14 × 4 = 74.84 cm
(2) 6 × 6 × 3.14 + (6 × 14) × 4 = 449.04 cm²

第36回 いろいろな文章題 (1)

●問題 73 ページ

1 (1) 18 枚

(2) 320 円

(3) 4500 円

(4) 150 円

▶教科書ではあまりあつかわれない重要な問題です。ここでは，比に関する問題です。

1 (1) 持っているカードの枚数の和は変わらないので，比の和をそろえます。
9 : 5 = 9 : 5　3 : 4 = 6 : 8
6 ÷ (9 − 6) × 9 = 18 枚
(2) 所持金の差は変わらないので，比の差をそろえます。
4 : 1 = 16 : 4　7 : 3 = 21 : 9
400 ÷ (21 − 16) × 4 = 320 円
(3) 所持金の和は変わらないので，比の和をそろえます。
5 : 3 = 15 : 9　7 : 5 = 14 : 10
300 ÷ (15 − 14) × 15 = 4500 円
(4) 値段の差は変わらないので，比の差をそろえます。
9 : 11 = 9 : 11　3 : 4 = 6 : 8
75 ÷ (9 − 6) × 6 = 150 円

第37回 いろいろな文章題 (2)

●問題 75 ページ

1 (1) 10%　(2) 52.5 g

2 (1) 6%　(2) 12%

▶食塩水の問題です。食塩水の問題では食塩水に含まれる食塩の重さを求めるのが基本です。

1 (1) 15 ÷ (135 + 15) = 0.1 → 10%
(2) 350 × 0.15 = 52.5 g

2 (1) 300 × 0.09 = 27
27 ÷ (300 + 150) = 0.06 → 6%
(2) 300 × 0.08 = 24
24 ÷ (300 − 100) = 0.12 → 12%

第38回 いろいろな文章題 (3)

●問題 77 ページ

1 (1) 20%　(2) 11%
(3) 20%　(4) 9%
(5) 15%

▶食塩水の問題です。食塩・食塩水それぞれの重さはどう変化したのかを追うのがポイントです。

1 (1) 320 × 0.05 = 16　16 + 60 = 76
76 ÷ (320 + 60) = 0.2 → 20%
(2) 160 × 0.05 = 8　240 × 0.15 = 36
(8 + 36) ÷ (160 + 240) = 0.11 → 11%
(3) 300 × 0.12 = 36　36 + 30 = 66
66 ÷ (300 + 30) = 0.2 → 20%
(4) 300 × 0.05 = 15　200 × 0.15 = 30
(15 + 30) ÷ (300 + 200) = 0.09 → 9%
(5) 300 × 0.07 = 21　(300 + 100) × 0.09 = 36
(36 − 21) ÷ 100 = 0.15 → 15%

第39回 いろいろな文章題 (4)

●問題 79 ページ

1 (1) 1500 m　(2) 15 分後
(3) 20 分後　(4) 8 分後

▶速さの問題です。旅人算と呼ばれる領域(りょういき)て，速さの問題では重要な問題の１つです。

1 (1) (40 + 60) × 15 = 1500 m
(2) 2400 ÷ (90 + 70) = 15 分後
(3) 48 × 5 = 240　240 ÷ (60 − 48) = 20 分後
(4) 960 ÷ (50 + 70) = 8 分後

第40回 かくにんテスト (第 36 ～ 39 回)

●問題 81 ページ

1 (1) 720 円　(2) 1800 円
2 (1) 48 分後　(2) 60 分後
3 (1) 10%　(2) 35 g
(3) 7.2%　(4) 20%
(5) 9%

▶いろいろな文章題のかくにんテストです。難しい問題もありますが，中学入試を考えている人は確実にできるようにしておきましょう。

1 (1) 7 : 3 = 21 : 9　4 : 1 = 16 : 4
400 ÷ (21 − 16) × 9 = 720 円
(2) 2 : 1 = 6 : 3　4 : 5 = 4 : 5
600 ÷ (6 − 4) × 6 = 1800 円
2 (1) 5.6 ÷ (4 + 3) × 60 = 48 分後
(2) 60 × 10 = 600　600 ÷ (70 − 60) = 60 分後
3 (1) 30 ÷ (270 + 30) = 0.1 → 10%
(2) 250 × 0.14 = 35 g
(3) 300 × 0.12 = 36
36 ÷ (300 + 200) = 0.072 → 7.2%
(4) 300 × 0.12 = 36　(36 + 30) ÷ 330 = 0.2 → 20%
(5) 300 × 0.05 = 15　200 × 0.15 = 30
(15 + 30) ÷ (300 + 200) = 0.09 → 9%

第41回 6 年生のまとめ (1)

●問題 83 ページ

1 (1) 96 円　(2) $\frac{5}{8}$ m²
(3) $1\frac{2}{3}$ kg　(4) 500 円
2 (1) 6 m　(2) 250 円
3 (1) $\frac{1}{3}$時間　(2) 24 個

▶分数のかけ算，わり算の復習問題です。計算では分数の計算が重要ですので復習しておきましょう。

1 (1) $240 \times \frac{2}{5} = 96$ 円　(2) $\frac{3}{4} \times \frac{5}{6} = \frac{5}{8}$ m²
(3) $1\frac{1}{9} \div \frac{2}{3} = 1\frac{2}{3}$ kg　(4) $600 \div 1\frac{1}{5} = 500$ 円
2 (1) $36.6 - 3\frac{2}{5} \times 9 = 6$ m
(2) 450 ÷ 1.8 = 250 円
3 (1) $\frac{20}{60} = \frac{1}{3}$ 時間　(2) $12 \div 2\frac{30}{60} \times 5 = 24$ 個

第42回 6年生のまとめ (2)

●問題 85 ページ

1 (1) 5：6 (2) 5：4 (3) 5：6
(4) 4：3 (5) 6：7：4 (6) 1：2：3

2 (1) 2 (2) 2 (3) 40 (4) 40

3 (1) 7：5 (2) 12人

4 (1) 91個 (2) 63個 (3) 2460円

▶比の復習問題です。比はいろんな問題に使われますので，使いこなせるようにしてください。

2 (1) $14 \div 7 = 2$ (2) $18 \div 9 = 2$
(3) $5 \times 8 = 40$ (4) $10 \times 4 = 40$

3 (1) $84 : 60 = 7 : 5$ (2) $14 \div 7 \times 6 = 12$ 人

4 (1) $169 \div (7 + 6) \times 7 = 91$ 個
(2) $168 \div (4 + 3 + 1) \times 3 = 63$ 個
(3) A：B＝3：2→6：4　B：C＝4：5
A：B：C＝6：4：5
$6150 \div (6 + 4 + 5) \times 6 = 2460$ 円

第43回 6年生のまとめ (3)

●問題 87 ページ

1 (1) $\frac{2}{5}$ (2) 600円
(3) 150cm (4) 32才
(5) 18dL

2 (1) 22.5cm^2 (2) 9cm
(3) $y = 5 \times x$

3 (1) ア 40 イ 5 ウ 8
(2) $y = 40 \div x$

▶割合（わりあい），比例，反比例の復習問題です。どれも重要ですのでしっかり理解しておいてください。

1 (1) $(150 - 90) \div 150 = \frac{2}{5}$ (2) $3600 \times \frac{1}{6} = 600$ 円
(3) $90 \div \frac{3}{5} = 150$cm (4) $12 \div \frac{3}{8} = 32$ 才
(5) $15 \div (1 - \frac{1}{6}) = 18$dL

2 (1) $4.5 \times 10 \div 2 = 22.5$cm^2 (2) $45 \times 2 \div 10 = 9$cm
(3) $y = 5 \times x$

3 (1) ア $200 \div 5 = 40$　$40 \div 1 = 40$
イ $40 \div 8 = 5$　ウ $40 \div 5 = 8$
(2) $y = 40 \div x$

第44回 6年生のまとめ (4)

●問題 89 ページ

1 (1) 4通り (2) 4通り
(3) 18通り (4) 48通り

2 (1) 30通り (2) 15通り

3 (1) 120通り (2) 72通り

▶場合の数の復習問題です。順列か組み合わせかを考えて，樹形図（じゅけいず）や公式を使ってください。

1 (1) 203，230，302，320
(2) 10，12，20，21
(3) 並べ方は，{A, B, C}のとき，6通り，{A, B, B}，{A, C, C}，{B, C, C}，{B, B, C}のとき，それぞれ3通り。
$6 + 3 \times 4 = 18$ 通り
(4) $4 \times 4 \times 3 = 48$ 通り

2 (1) $6 \times 5 = 30$ 通り (2) $6 \times 5 \div 2 = 15$ 通り

3 (1) $5 \times 4 \times 3 \times 2 \times 1 = 120$ 通り
(2) 先にAとBがとなり合う場合の数を考えます。
AとBを1人（A'とする）として考えると，A'，C，D，Eの4人の並び方は $4 \times 3 \times 2 \times 1 = 24$ 通り
A'ではAとBがとなり合っており，ABと並ぶかBAと並ぶかの2通りがあるから，AとBがとなり合う場合の数は $24 \times 2 = 48$ 通り
よって，AとBがとなり合わない並び方は
（5人の並び方）－（AとBがとなり合う並び方）
$= 120 - 48 = 72$ 通り

第45回 6年生のまとめ (5)

●問題 91 ページ

1 (1) $50.24cm^2$ (2) $76.93cm^2$
(3) $28.26cm^2$ (4) $75.36cm^2$
(5) $21.195cm^2$ (6) $56.52cm^2$

2 (1) 31.4cm (2) $57cm^2$

3 (1) 18.84cm (2) $5.13cm^2$

▶円の復習問題です。分配法則を使ったり，面積を移動させることで，面積を早く，正確に求められるようにしましょう。

1 (1) $4 \times 4 \times 3.14 = 50.24cm^2$
(2) $7 \times 7 \times 3.14 \div 2 = 76.93cm^2$
(3) $6 \times 6 \times 3.14 \div 4 = 28.26cm^2$
(4) $12 \times 12 \times 3.14 \div 6 = 75.36cm^2$
(5) $9 \times 9 \times 3.14 \div 12 = 21.195cm^2$
(6) $12 \times 12 \times 3.14 \div 8 = 56.52cm^2$

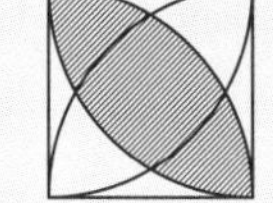

2 右の図のように，面積を移動させて考える。
(1) $(20 \times 3.14 \div 4) \times 2 = 31.4cm$
(2) $(10 \times 10 \times 3.14 \div 4 - 10 \times 10 \div 2) \times 2 = 57cm^2$

3 (1) $12 \times 3.14 \div 4 + (6 \times 3.14 \div 4) \times 2 = 18.84cm$
(2) $6 \times 6 \times 3.14 \div 4 - (3 \times 3 \times 3.14 \div 4) \times 2 - 3 \times 3$
$= 5.13cm^2$

3 (2)

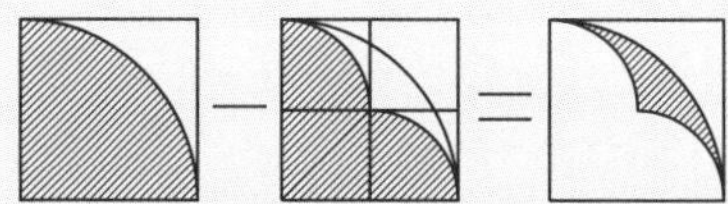

第46回 チャレンジ (1)

●問題 93 ページ

1 43.2km　2 2.5%
3 2：5　4 3516.8cm
5 6.5%　6 27本

▶ここからはチャレンジ問題です。中学入試から問題を選んでいます。どれも今までの知識で解けますのでがんばってください。

1 $12 \times 3600 \div 1000 = 43.2km$
2 $(400 - 390) \div 400 \times 100 = 2.5\%$
3 $\frac{2}{30} : \frac{6}{36} = \frac{2}{30} : \frac{1}{6} = \frac{2}{30} : \frac{5}{30} = 2:5$
4 $28 \times 3.14 \times 40 = 3516.8cm^2$
5 $200 \times 0.08 + 600 \times 0.06 = 52$
$52 \div (200 + 600) = 0.065 \rightarrow 6.5\%$
6 2人が持っているえんぴつの本数の合計は変わらないので，比の和をそろえます。
$3:2=9:6$　$7:8=7:8$　$6 \div (9-7) \times 9 = 27$ 本

第47回 チャレンジ (2)

●問題 95 ページ

1 8%　2 180問
3 6.5%　4 12通り
5 17個　6 18人

▶6は文章が長いですが，総数を比の割合(わりあい)で分ける問題です。

1 $52 \div 650 \times 100 = 8\%$
2 $30 \div (1 - \frac{2}{3}) = 90$　$90 \div 3 \times (3+2+1) = 180$ 問
3 $300 \times 0.04 + 500 \times 0.08 = 52$
$52 \div (300 + 500) = 0.065 \rightarrow 6.5\%$
4 112，113のときそれぞれ3通り　123のとき6通り
$3 \times 2 + 6 = 12$ 通り
5 $199 \div 15 = 13 \cdots 4$　$450 \div 15 = 30$　$30 - 13 = 17$ 個
6 $60 \div (2 + 3 + 5) \times 3 = 18$ 人

第48回 チャレンジ (3) ↓

●問題 97 ページ

1	2400 円	2	6000 円
3	32 度	4	4 個
5	2100 円	6	18%

▶5は比の分野ではよくある問題です。比の和をそろえることで解くことができます。

1 $120000 \times (0.1 - 0.08) = 2400$ 円

2 $3840 \div (1 - 0.2) \div (1 - 0.2) = 6000$ 円

3 $6 \times 6 \times 3.14 \times 72 \div 360 = 9 \times 9 \times 3.14 \times x \div 360$
$x = 32$ 度

4 6と8の最小公倍数は $3 \times 2 \times 2 \times 2 = 24$
$100 \div 24 = 4 \cdots 4$

5 $9 : 7 = 27 : 21$　　$11 : 13 = 22 : 26$
$500 \div (27 - 22) \times 21 = 2100$ 円

6 $(250 + 150) \times 0.08 = 32$　　$250 \times 0.02 = 5$
$(32 - 5) \div 150 = 0.18$ → 18%

第49回 チャレンジ (4) ↓

●問題 99 ページ

1	450 mL	2	2 cm^2
3	10 通り	4	16 cm
5	$\frac{4}{9}$		
6	7 枚		

2

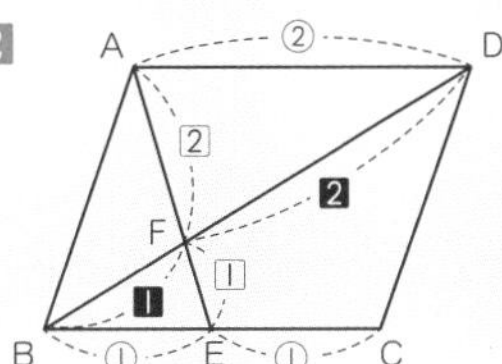

▶有名な中学でも比を使った問題が多く出題されます。この機会にマスターしておきましょう。

1 $750 \div (1 - \frac{2}{7}) = 1050$mL　$1050 \div (1 - 0.3) = 1500$mL
$1500 \times 0.3 = 450$ mL

2 三角形 ABD の面積は $24 \div 2 = 12 cm^2$
三角形 DAF は三角形 BEF を 2 倍拡大(かくだい)したものだから
AF : FE = 2 : 1,　DF : FB = 2 : 1
よって，三角形DAFの面積：三角形AFBの面積＝2：1
三角形AFBの面積：三角形BEFの面積＝2：1
$12 \div (2 + 1) \times 1 \div 2 \times 1 = 2 cm^2$

3 13, 17, 31, 37, 41, 43, 47, 53, 71, 73 の 10 通り

4 $72 \times 2 \div 9 = 16$cm

5 空らんにあてはまる数を x とすると
$(1 - \frac{2}{3}) = (1 - x) \times \frac{3}{5}$　　$x = \frac{4}{9}$

6 $(25 + 17) \div (3 + 4) \times 3 = 18$　　$25 - 18 = 7$ 枚

第50回 チャレンジ (5) ↓

●問題 101 ページ

1	300 円
2	16 個
3	4.71 cm
4	5 : 8
5	3 cm^2
6	20

5

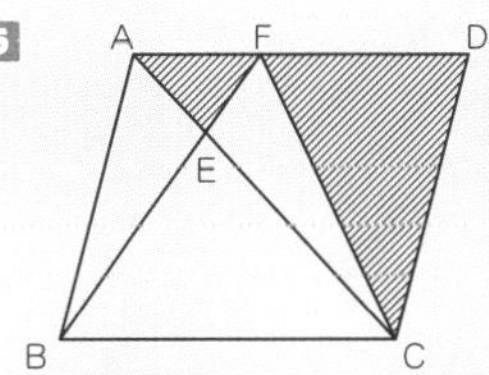

▶最後のチャレンジ問題です。文章題に対して，どの分野の知識を使えばいいか見極めましょう。

1 消去算を使って解きます。
おとな 3 人と子ども 5 人で 3300 円だから，㋔× 3 ＋㋙× 5 ＝ 3300　…①
おとな 1 人と子ども 3 人で 1500 円だから，㋔× 1 ＋㋙× 3 ＝ 1500　…②
①と②で㋔の数をそろえるために，②に 3 をかけると，㋔× 3 ＋㋙× 9 ＝ 4500　…③
右の図のように，③－①をすると，㋙× 4 ＝ 1200
よって，㋙× 1 ＝ 300 円

　　㋔× 3 ＋ ㋙× 9 ＝ 4500
－) ㋔× 3 ＋ ㋙× 5 ＝ 3300
　　　　　　㋙× 4 ＝ 1200

2 明子：有子：洋子＝8：12：15　　$70 \div (8 + 12 + 15) \times 8 = 16$ 個

3 2 つの斜線(しゃせん)部分の面積が等しいとき，おうぎ形と直角三角形の面積も等しいから，
(おうぎ形の面積) ＝ $3 \times 3 \times 3.14 \div 4 = 7.065 cm^2$
(直角三角形の底辺) ＝ $7.065 \times 2 \div 3 = 4.71$ cm

4 $A \times 0.6 = B \times \frac{3}{8}$　　$A : B = \frac{5}{3} : \frac{8}{3} = 5:8$

5 左の図のように点 F を決めると，
三角形 ABE の面積＝平行四辺形 ABCD の面積－三角形 BFC の面積－斜線部分の面積
$18 - (18 \div 2) - 6 = 3 cm^2$

6 【30】＝1＋2＋3＋…＋29＋30＝(1＋30)＋(2＋29)＋…＋(15＋16)＝31 × 15＝ 465
【A】＝ 465 － 255 ＝ 210
だいたいの数字をあてはめて計算し，【A】を見つける。たとえば 18 のとき，
【18】＝1＋2＋…＋18＝19×9＝171
【20】＝【18】＋ 19 ＋ 20 ＝ 171 ＋ 19 ＋ 20 ＝ 210　　A ＝ 20